Python 数据分析教科书

机器学习和数据科学中必备的数据分析技术

[日] 寺田学　辻真吾　铃木隆典　福岛真太朗　著
杨鹏　译

中国水利水电出版社
www.waterpub.com.cn
·北京·

内 容 提 要

在大数据时代，数据分析成为各行各业非常重要的工作。《Python 数据分析教科书》就是一本介绍使用 Python 进行数据分析的入门书，详细介绍了成为数据分析工程师必备的技能，如数据获取和加工、数据可视化、编程基础、数据分析所需的基础数学知识、机器学习的流程和执行方法等。学完本书，读者能掌握 Python 的基本语法和 Jupyter Notebook 的使用方法，数据预处理知识，NumPy、pandas、Matplotlib 和 scikit-learn 等软件库的使用方法，以及利用现有算法实现机器学习的方法。另外，对网络爬虫、自然语言处理和图像数据处理等机器学习中经常用到的知识也进行了简要介绍。本书采用双色印刷，语言浅显易懂，并用中小实例辅助理解，特别适合有一定编程基础想从事数据分析工作的人员学习，也适合作为想从事人工智能工作的人员学习数据处理的参考书。

图书再版编目（CIP）数据

Python 数据分析教科书 / (日) 寺田学等著 ; 杨鹏译 . -- 北京 : 中国水利水电出版社 , 2022.1

ISBN 978-7-5170-9279-7

Ⅰ . ① P… Ⅱ . ①寺… ②杨… Ⅲ . ①软件工具－程序设计 Ⅳ . ① TP311.561

中国版本图书馆 CIP 数据核字 (2020) 第 268980 号

北京市版权局著作权合同登记号　图字：01-2020-7212

Pythonによるあたらしいデータ分析の教科書
(Python niyoru Atarashii Databunseki no Kyokasho: 5834-1)

书　名	Python 数据分析教科书 Python SHUJU FENXI JIAOKESHU
作　者	[日] 寺田学　辻真吾　铃木隆典　福岛真太朗　著
译　者	杨鹏　译
出版发行	中国水利水电出版社 （北京市海淀区玉渊潭南路1号D座 100038） 网址：www.waterpub.com.cn E-mail：zhiboshangshu@163.com 电话：（010）62572966-2205/2266/2201（营销中心）
经　售	北京科水图书销售中心（零售） 电话：（010）88383994、63202643、68545874 全国各地新华书店和相关出版物销售网点
排　版	北京智博尚书文化传媒有限公司
印　刷	北京富博印刷有限公司
规　格	148mm×210mm　32开本　9.5印张　339千字
版　次	2022年1月第1版　2022年1月第1次印刷
印　数	0001—4000册
定　价	89.80元

PREFACE

前言

2017年中期，在社区与别人沟通时我听到了“我想用Python作数据分析，但不知道从何学起”这样的呼声，尽管在这之前市面上已经有很多以数据分析和机器学习为主题的书籍。但是，当我开始学习数据分析时，我发现竟然没有一本是适合自己的、基于Python的基本工具和数据分析所需的数学教科书。于是我萌生了写书的念头，这本书就在合著者和出版者的共同努力下诞生了。

本书是一本可以广泛学习Python数据分析工具和数据分析所需数学知识的教科书。作为教科书，书中提供了数据分析所需的信息，并作了简要说明。学完本书，读者将掌握Python数据分析最低限度的必要知识，其中未涵盖的内容请参考官方文档或其他教辅书籍。

本书的目标读者是那些想成为数据分析工程师并且对Python有一定了解的人。在此，我们将“对Python有一定了解”的程度定义为能够阅读并理解Python官方文档的水平，因为本书对Python语法和规范仅作了数据分析所需的最低限度的介绍。在工具的使用上，首先，使用NumPy和pandas学习数据分析中重要的数据处理的方法。接下来，就可以在Matplotlib中实现数据可视化。最后，可以使用scikit-learn实现机器学习的分类和预测。除了工具的使用方法以外，还包括对数学的基础解说。在实际工作中进行数据分析和机器学习时，数学知识也是必需的。书中通过对公式的阅读和解说能帮助你更好地理解公式。此外，在实际进行数据分析时，收集数据、将数据转换为可分析的格式并对其进行处理也很重要。因此，我们也对网络信息抓取、自然语言处理和图像处理的相关知识进行了简短说明。

希望你通过本书能够全面学习数据分析，迈出成为数据分析工程师的第一步。

作者代表　寺田学

THANKS 致谢

在完成这本书之前，我得到了很多人的支持。辻真吾先生、铃木隆典先生、福岛真太朗先生作为合著者，配合我计划的紧迫日程共同完成了本书的写作和校对工作，在此表示诚挚的感谢。同时也感谢各位审稿人的审读，并收到了他们很多很好的修改意见。具体参与审稿的有赤羽 馨、阿部 一也（@abenben）、大村 亀子、片柳薫子、加藤 公一（@komo_fr）、杉山 刚、铃木 骏、中神 肇、宫本 润、山下 加奈恵、横山 直敬。最后，感谢翔泳社的绿川先生，本书从策划到编辑的整个过程他都进行了悉心指导。当然，本书不仅来自上述各位的支持，也离不开相关人士的家人的理解，以保证他们有充足的时间用于书的写作和审阅上，我确信通过大家的合作写出了一本好书。感谢各位相关人员和家人。借此机会向上述所有朋友表示感谢。

作者代表　寺田学

ABOUT THE SAMPLE 本书相关信息

本书主要结构和读者对象

本书是使用Python进行数据分析的入门教程。从Python的安装到数学基础到各种工具的使用、数据的处理等内容都有讲解。主要读者对象是想成为数据分析工程师，并且已掌握一定Python编程知识的人群。

本书软件的执行环境

本书使用的各种软件工具的版本如下：

- Python 3.6.6
- NumPy 1.14.5
- pandas 0.23.3
- Matplotlib 2.2.2
- scikit-learn 0.19.1

本书资源下载

本书配套资源可以根据下面的方式下载：

（1）首先扫描右侧的二维码，关注公众号后输入 7279，并发送到公众号后台，即可获取资源的下载链接。

（2）将该链接复制到浏览器的地址栏中，按 Enter 键，即可根据提示下载（只能通过计算机下载，手机不能下载）。

免责声明

本书及配套资源中的URL等信息是基于截至2018年8月相关的法律。

本书及配套资源中所记载的URL，可能在未提前通知的情况下发生变更。另外，网页中涉及的内容仅供读者参考学习使用，不涉及其他。

本书及配套资源中提供的信息，虽然在本书出版时力争做到描述准确，但无论是作者本人还是出版商都对本书的内容不作任何保证，也不对读者基于本书示例或内容所进行的任何操作承担任何责任。

本书及配套资源中所记载的示例程序、脚本代码、执行结果，以及屏幕图像都是基于经过特定设置的环境中所重现的参考示例（与实际界面可能有所不同）。

本书及配套资源中所记载的公司名称、产品名称都是来自各个公司所有的商标和注册商标。

注意

株式会社翔泳社　编辑部

目录

第 3 章 数学基础 049

第 4 章 利用标准库进行实践分析 083

第 5 章 应用：数据采集和加工 247

CHAPTER 1

数据分析工程师的职责

在人工智能和机器学习领域，数据分析工程师这个角色备受瞩目。本章介绍数据分析工程师的工作内容、机器学习的流程以及所需的主要工具。

1.1 数据分析的世界

在本节，我们将围绕现有环境讲述数据分析工程师的职责。

1.1.1 数据分析行业现状

我们进入大数据时代已有数年。许多信息被数字化，可以将各种现象和事件作为数值和文本数据来处理。互联网的发展、通信成本的降低，加之计算机的高性能化让数据的体量呈爆发式增长。

目前在家用PC水平的终端上处理大量数据已经成为可能。例如，根据店铺POS的数据，可以很容易地观察和预测销售趋势。另外，在行动预测和图像识别领域，机器学习也正被广泛应用。

机器学习中对数据的处理工作必不可少，且需要基于数据对现象进行预测或分类。因此，本书所涉及的“数据分析”是非常重要的技术。

从数据分析中可以获得什么

在各种领域都有数据分析工作，并在不断发展。举例来说，数据分析被越来越多地用于工厂异常检测系统当中，通过数据分析已经形成了一种成熟技术，用于通过对温度变化和从工厂系统输出的设备转速等数据的跟踪来提前发现异常迹象。此外，数据分析还被用于广告的价值评估和天气预报方面。这些领域通过对数据进行分析，从掌握趋势开始，发现其中的重要因素，进而尝试对现象进行预测。

数据分析的世界正在不断扩展，并且充满了可能性。以这本书为基石，让我们一步一步地学习数据分析方法并掌握必要的技术吧。

1.1.2 数据分析与Python

本书通过编程语言Python学习数据分析必要的技术。

Python在数据分析中的作用

在数据分析领域，编程语言Python已经成为实际上的标准。并且，世界上大多数的数据分析工程师都在使用Python。

在数据分析过程中，工程师会接触到大量的数据。分析时，需要处理数值、文本、图像及声音等数据。利用Python编程，可以将上述数据加工成可分析的格式，从而进行统计处理和利用机器学习进行预测等工作。

Python的特点

Python是一种通用编程语言，它拥有许多用户，也被用于商业服务。Python的特点如下：

- 易于理解的语言规范。
- 动态脚本语言，无须编译。
- 丰富的标准库和外部包。
- 数据分析以外的广泛应用。
- 开源代码。

Python擅长的领域

除了数据分析以外，Python还被活用于以下各种场景：

- 服务器工具。
- Web系统的构建。
- IoT设备的操作。
- 3D图像处理。

Python具有丰富的标准库，无须使用外部程序包即可执行多种处理。并且，通过使用外部包，可以将其用于更多场景处理。使用Python进行数据分析的优点之一是它可以应用于数据分析以外的其他目的。

Python不擅长的领域

在诸如以下方面，其他编程语言可能更有优势：

- Web应用等前端程序。
- 桌面GUI。
- 以提高运行速度为目的的低层处理。
- 超大规模的关键任务处理。

在广泛的应用过程中，Python也开始活跃于上述领域中，但还没有绝对的优势。各种编程语言都存在适用性和不适用性。我们要了解这些才能灵活运用Python。

Python中用于数据分析的工具

Python有许多标准库，但是它需要引入外部软件包进行数据分析。数据分析中主要使用的外部软件包有Jupyter Notebook、NumPy、pandas、Matplotlib、SciPy、scikit-learn，详细内容参见后续第1.3节及第2.1节。这些软件包与Python一样都是开源的。通过灵活运用外部软件包，我们即可利用Python进行数据分析。

Python以外的选择

并不是只有Python一种编程语言适用于数据分析。在数据分析领域，经常被拿来与Python做比较的有R语言。R语言具有丰富的、以统计为中心的标准库，是一种可以针对现有配置环境进行数据分析和机器学习的开源编程语言，在统计领域具有比Python更加专业表现的工具。但是，R语言存在无法解决对Web方向的应用和在服务器端操作的问题。

至于其他的选择，Microsoft Excel也可以在一定程度上进行数据分析。虽然它通过GUI操作可以马上投入使用，但为了重复执行日常数据的采集，必须使用VBA进行编程。其他诸如Java或另外的通用编程语言也可以进行数据分析。在对这些语言进行选择时，应注意标准库是否存在缺陷或样本量是否较小。

使用已经熟悉的语言或工具进行数据分析可以降低数据分析早期阶段的难度。不过，Python是一种学习成本低、编写简单的编程语言。在学习数据分析的同时学习Python也并非难事，希望大家可以挑战一下利用Python进行数据分析。

1.1.3 什么是数据科学家

数据科学家是指在数学、信息工程学、具体相关领域（专业领域）3个方面具备全面的知识，站在理解、评估数据分析或数据解析等一系列处理工作的立场上的职业人群。

数据科学家的职责

数据科学家的职责可细化为以下内容：

- 模型与算法的构建。
- 新解决方案和新技术的倡导。
- 面向待解决问题的实践活动。
- 演示如何与数据交互。
- 分析及评估结果。

研究领域与实务领域的区别

数据科学家的角色，在研究领域和实务领域上存在差别。

在研究领域，数据科学家更重视新解决方案和新技术的倡导。在实务领域的重点则是解决问题的本身。大家要有意识地区别研究领域与实务领域所存在的差异。

1.1.4 什么是数据分析工程师

下面介绍与数据科学家相对的，数据分析工程师这个职业的定义。

有一个称为“数据工程学”的学术领域，其主要方向是基于信息工程，但更多是面向数据分析的领域。数据工程学的领域范围扩展得非常广泛，从数据库技术到数据的利用都包含在内。这里则将数据分析工程师定位为从事数据工程工作的一种职业。

数据分析工程师应具备的技术和知识

想成为数据分析工程师，应掌握的基本技术见表1.1。

表1.1 数据分析工程师应掌握的技术

必要的技术	详细说明	本书对应章节
数据的获得及加工等处理	从数据库及文件等获得数据，根据必要性进行加工的技术	4.1 NumPy 4.2 pandas
数据的可视化	捕获数据特征并将其可视化为图表等的技术	4.3 Matplotlib 4.3 pandas的一部分
编程	Python等语言的编程技术	第2章
基础构建	从环境搭建到服务端技术、数据基础架构等的处理	第2章的一部分

接下来，还有3项作为数据分析工程师应具备的附加知识，见表1.2。

表1.2 数据分析工程师应具备的附加知识

必要的技术	详细说明	本书对应章节
机器学习	可以理解和执行机器学习流程的技术；需要了解广泛的执行方法而非深入的算法知识	4.4 scikit-learn
数学	从高中至大学初级的数学知识	第3章
相关领域的专业知识（领域知识）	数据分析领域的知识见闻	

 1.1.5 数据处理（预处理）的重要性

数据处理在数据分析中起着非常重要的作用。可以说，在机器学习中，数据处理占工作量的80%或90%。数据处理也称为预处理，它会在分析的基础上多次重复数据采集、再加工、拼接和可视化等工作。如果数据不足，那么将寻找另一个数据源。而根据机器学习方法的不同，可能会出现需要数据标准化处理的情况。

1.2 机器学习的定位和流程

针对在数据分析领域备受瞩目的机器学习，本节对其定位和处理的流程进行说明。

1.2.1 什么是机器学习

机器学习是根据大量的数据，通过机器学习算法发现数据的特性，从而制定预测等行为公式的过程。其结果称为模型。通过机器学习创建预测等行为的模型，可以形成数据的算法或进行对数值的预测。而为了创建模型，则需要输入数据和处理数据的算法。

我们需要根据数据和算法顺序更新内部参数，以创建机器学习模型。而根据创建好的模型，我们可以对所输入数据以外的未知数据执行数值预测，或者创建算法，对输入数据进行分类等。

1.2.2 机器学习以外的选择

此外，同样存在无须使用机器学习即可执行分类和数值预测的方法。

第一种方法是规则引擎。该方法是根据编程的条件分支来编写if条件语句的方法。例如，预测某商店的日销售额时，在明天是“周日”且是“晴天”的情况下，作出3000元的预测，而后天是“周一”且是“雨天”，则销售额有可能是2000元。在这个示例中，我们仅使用“星期几”和“天气”这两个变量进行预测。由于只有两个参数，因此到目前为止的数据可以轻松被转换为规则。但是，如果增加参数数量，则很难利用规则加以描述，并且编程量将变得十分庞大。

第二种方法是统计性计算。该方法是一种从数据计算统计数值，并根据这些值进行预测的方法。例如，提前计算好某小学三年级男生50米跑时间的平均值和方差，可以统计若干小学同年级同性别儿童50米跑的结果，再利用平均值和方差预测该小学儿童在与其他外校学生竞赛时的期望排名。但如果想要查看全国范围内的综合数据，则不按学校划分即可以明晰全国学生跑步时间的差异性和排名。另外，还可以通过使用随机抽样（样本）的数据预测某一人在全国儿童中的排名。现今，也有一些机器学习算法是通过扩展统计方法制定的，并且具有很高的实用性。

1.2.3 机器学习的任务

使用机器学习可以解决的任务范围正在与日俱增。本小节将把工作范围视为机器学习任务，并根据执行任务的方法对它们进行分类。

机器学习的学习方式可以分为以下 3 个种类：

- 监督学习。
- 无监督学习。
- 强化学习。

监督学习

监督学习（Supervised Learning）是指存在正确的标签数据时所使用的方法。

正确标签是指对于研究课题可成为任务目标的值。换句话说，此方法假定现有的数据是所需的值。作为正确标签的目标数据具有重要的意义，而基于正确标签以外的数据预测正确或接近正确值的方法便称为监督学习。其中，作为正确标签的目标数据称为目标变量；目标变量以外的数据称为解释变量，因为它是用于解释目标变量的数据。

机器学习中的监督学习就是计算机发现内部参数，以便解释变量可以很好地预测目标变量的过程。解释变量和目标变量的数量越多，模型越接近正确。监督学习根据目标变量的类型分为回归和分类两种类型。

在回归中，目标变量即正确标签是连续值。机器学习根据连续值进行预测，因此其结果也是连续值。例如，针对销售额或气温预测任务的目标变量，就属于回归。

分类则是对目标变量进行分类的数据。既有判断某人是否感染了新型流感的二值分类，也有预测动物种类的多值分类。其重点是，目标变量并不是连续的。通过深度学习（Deep Learning）分析所进行的物体检测也是分类的一种方法。

大家要首先理解监督学习存在监督回归和监督分类这两种类型。

无监督学习

无监督学习（Unsupervised Learning）是指不使用正确标签的学习方法。

大家可能会对没有正确标签的情况下可以学习什么存在疑问。其实在无监督学习中，所学习到的是数据间的不同特征。无监督学习主要执行诸如分类和降维等的任务。

分类将可以对给定的数据进行分组。例如，我们可以利用在校成绩和睡眠时间这两种数据，尝试将其分类分为3组。乍一看似乎没有因果关系的数据，也可以通过分类在每个被划分出的组中找到相关性。分类很少会只执行一次，在分析中一般会通过增加数据类型和更改分类的数量来获得结果。

降维是一种用较少数量的数据类型（维数）表示大量数据类型（解释变量的维数）的方法。由于如果将数千个解释变量直接交给监督学习，可能会导致计算量剧增而致使学习无法进行，因此，在这种情况下，我们可以通过使用主成分分析等方法为数据降维，将解释变量减小为易于计算的数量。

强化学习

强化学习（Reinforcement Learning）是指智能体在类似沙箱环境中工作，学习如何调整状态以使回报最大化的一种学习方法。这是一种近年来正在发展的学习方法。

我们可以把象棋或围棋这样的游戏规则作为环境提供给智能体，并让其执行学习，使其了解如何在胜利时获得更多的收益。此外，强化学习也被应用于机器人工程领域，在机器人前进时给予智能体回报奖励，最终使机器人可以通过学习自行到达终点。而这些仅仅是数据分析世界的门庭。这部分的内容超出了本书的范围，请参阅诸如强化学习等的专业书籍，以获取更详细的说明。

1.2.4 机器学习的处理流程

本小节将以监督分类为例，依次说明机器学习过程中经常执行的步骤。

根据职责将处理流程分割后，共有以下8个步骤：

- 数据采集。
- 数据处理。
- 数据可视化。
- 算法选择。
- 学习过程。
- 精度评估。
- 试运行。
- 结果运用。

这些步骤的流程顺序如图1.1所示，其中标注了主要会使用到的技术。

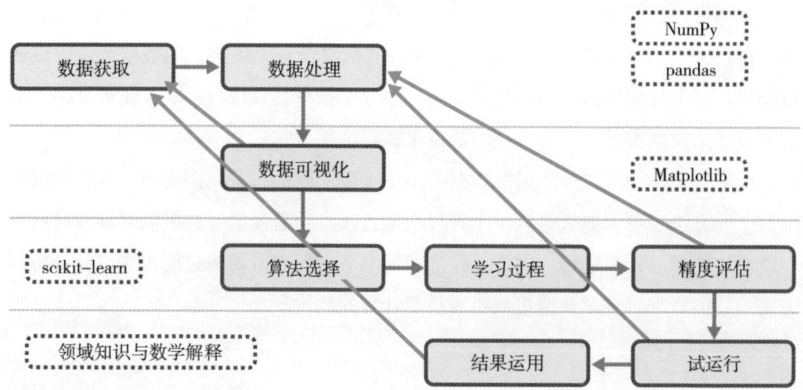

图1.1 机器学习处理的流程

下面简单地说明各个处理流程。关于每个库的详细用法和解释将在第4章中进行介绍。建议读者首先遵循该流程按部就班地学习，并在完成第4章的学习后返回本小节再次进行确认。

数据采集

机器学习第一步从查找可用数据并采集开始。在拥有数据后，要获取数据概述，并确保可以将其用于所需的机器学习。

为了获取数据概要，并将其整理成为易于读取的形式，需要我们活用NumPy和pandas这两个工具。

数据处理

第二步要对获得的数据进行初始处理。如果要排列数据类型或从多个数据源获取数据，则可以在此阶段执行串联过程。在此阶段，我们还要应对所谓的缺失值，即对某些数据缺失情况进行处理。

在本部分的工作中，也使用NumPy和pandas工具。

数据可视化

第三步利用表格或图形将数据进行可视化处理。这一步需要使用可视化工具检查是否具有可用于机器学习的数据。

在这一部分，我们可以活用可视化工具Matplotlib。至于统计值等的确认，则可以使用pandas工具。

算法选择

第四步开始选择算法。这也是机器学习中最难的工作。在这部分工作开展前，首先要确认执行前几个步骤所得到的数据，然后根据目的及数据选择算法。

在这一部分，则较多地使用机器学习软件包scikit-learn。

学习过程

第五步根据算法来进行模型学习，此时要为算法设定超参数。所谓超参数，是指各种算法执行过程中所必需的参数。在机器学习过程中，选择算法的同时为其设定合适的参数也是重点之一。在设定超参数后，我们可以利用学习数据来执行机器学习任务。

这一部分与上一部分同样经常使用scikit-learn工具。

精度评估

第六步使用学习后的模型执行预测。此时，需要利用机器学习时使用过的数据（训练数据）和验证用数据两种数据进行预测。在取得结果时不能仅通过考查准确率对预测结果进行判断。如果是分类任务，则有必要通过确认混淆矩阵、准确率及召回率等方法判断结果。

试运行

第七步试运行。到这个阶段，我们已经使用现有数据构建了预训练模型，也使用现有数据确认了结果。实际评估需要在未知数据上运行，这些数据的结果是未知的。在建立模型的阶段，我们用不知道的数据进行试运行，最后进行评估。当评估结果与预想发生冲突时，需要重新检查各个过程，并再次执行操作。通过不断重复这个过程，可以得到更好的结果。我们有必要尽可能地进行定量评估。为此，执行评估时需要使用统计性方法对其进行量化。

结果运用

第八步结果运用。如果确保了试运行的结果在实际工作使用中的准确性，那么就可以保存训练后的模型，在实际工作中加入模型的预测结果。但接下来，还需要对预测精度进行持续性评估或追加数据继续进行训练。例如，构建通过导入未知数据进行预测的Web系统或创建每天自动执行预测行为的系统都会让模型的运用范围得以扩大。

1.3 数据分析的常用软件包

本节介绍用于数据分析的主要软件包及其概况。

1.3.1 什么是软件包

为Python增加新功能或功能支持的外部软件包及第三方软件包称为软件包。要进行数据分析，仅使用Python标准库是不够的。但是，与Python相对应的有许多用于数据分析的第三方软件包，熟练掌握这些软件包是通往成为数据分析工程师的捷径。

有关第三方软件包的详细介绍，请参阅第2.1.3小节“pip命令”。

1.3.2 第三方软件包的介绍

Jupyter Notebook

Jupyter Notebook是一种使用第三方软件包的环境，该软件包可以在Web浏览器中执行诸如Python等的代码。

如果以浏览器的形式编写诸如Python等的代码，则执行结果可以立即显示出来。图表也会显示在浏览器中，执行顺序和结果将被同时保存，因此我们可以轻松地重新执行代码。代码的执行结果保留在扩展名为.ipynb的JSON文件中。可以将此.ipynb格式的文件存储在GitHub和其他存储库服务中，以查看Jupyter Notebook形式的代码，这在重新确认操作时有用。

有关其详细的使用方法，请参阅第2.3节Jupyter Notebook。

NumPy

NumPy是用于处理数值计算的第三方软件包。NumPy可以更有效地处理数组和矩阵，其内部是用C语言实现的，因此处理速度很快。它能够直接将数据转换为数组中的数据，并快速计算矩阵和向量的加法，而无须分解元素。

详细介绍请参阅第4.1节NumPy。

pandas

pandas是一款基于NumPy的，可提供DataFrame的第三方软件包。DataFrame结构受到R语言数据帧的启发，其特征是具有能够灵活处理表格二维数据的能力，编程后可以有效地处理数据分析工程师需要执行的许多任务，如数据转换和处理。

详细介绍请参阅第4.2节pandas。

Matplotlib

Matplotlib是用于数据可视化的第三方软件包。在受到数值分析软件MATLAB影响颇深的Python中，Matplotlib一直是可视化工具中的默认标准。利用它可以绘制线形图和直方图等图像。

详细介绍请参阅第4.3节Matplotlib。

scikit-learn

scikit-learn是集成了机器学习和评估工具的第三方软件包。它操作连贯、使用方便，已成为公认标准的机器学习工具，还配备了许多机器学习算法。由于其搭载的测试工具和评估工具十分丰富，所以即使不依赖scikit-learn也可以自己实现算法和使用软件包。

详细介绍请参阅第4.4节scikit-learn。

SciPy

SciPy是一款支持科学计算的第三方软件包。它被广泛应用于scikit-learn中的高级计算处理，是机器学习中不可或缺的一款软件包。它可以执行高级统计处理、线性代数运算，并且搭载了如傅里叶变换等处理功能。

CHAPTER 2

Python及其执行环境

本章介绍如何在Python中构建编程环境以及基本语法，从而为利用Python进行数据分析做准备，并且对交互式程序执行环境Jupyter Notebook的使用方法进行讲解，介绍Python和Jupyter Notebook各种功能的基本部分。建议跟随本章首先从基础知识开始学习，再辅以学习其他教材和各软件官方文档，从而使操作更加得心应手。

2.1 构建执行环境

本节讲解如何构建使用Python进行编程的环境。安装Python正式版本，使用venv创建虚拟环境，并使用pip命令管理软件包。作为补充，本节还会简要介绍Anaconda。

2.1.1 安装Python正式版本

下面将使用Python官方网站（python.org）上发布的Python正式版安装程序。访问下载Python页面并下载Python 3.6系列的最新版（截至2018年8月时最新版为Python 3.6.6）安装程序。

● 下载 Python

URL https://www.python.org/downloads/

在Windows上安装Python

根据Windows操作系统，选择合适的Python版本。

- 64位版：Windows x86-64 executable installer
- 32位版：Windows x86 executable installer

下载后，运行安装程序来安装Python。安装程序界面上会有一个复选框“将Python 3.6添加到PATH”。如果勾选此选项并安装，则Python的路径会自动添加到PATH环境变量中。添加路径后，只需在PowerShell上执行python命令，即可运行Python。若不添加路径，则必须指定完整路径。

安装后，确认在PowerShell中可以运行Python（“>”为PowerShell的输入提示符）。

说明：

```
> python -V
Python 3.6.6
```

在macOS上安装Python

根据操作系统macOS版本的不同，下载以下两个安装程序之一。

- OS X 10.9或更新的版本：macOS 64-bit installer

- mac OS X 10.6 或更新的版本：macOS 64-bit/32-bit installer

安装完成后，启动终端（Terminal）并确保可以运行Python（"$"为终端的输入提示符）。安装Python结束后，运行以下命令将macOS根证书与SSL结合。

```
$ python3.6 –V
Python 3.6.6
$ /Applications/Python\ 3.6/Install\ Certificates.command
```

2.1.2 venv：Python的虚拟环境

在开始使用Python分析数据前，让我们先了解venv（Python的虚拟环境）。

什么是venv

venv是一种创建Python虚拟环境的机制，它是安装Python后可用的标准功能。那么什么是Python虚拟环境？它的用途是什么？

试想一下，我们将使用Python进行数据分析和程序开发，但是随着我们不断编写代码，会发现以下问题：

- A项目使用了pandas 0.19进行数据分析。
- 新加入的B项目使用了pandas 0.23。
- 由于A项目使用了旧版本pandas的功能，在pandas 0.23中将无法被执行。

由于Python只能在一个环境中安装一个版本的软件包（在本例中为pandas），因此不能分别使用pandas 0.19和pandas 0.23。

此时，可以为每个项目创建一个虚拟环境，并为每个项目在虚拟环境下单独安装所需的软件包。这样，就可以在同一环境中使用不同版本的软件包了。

在Windows中创建虚拟环境

在Windows上使用venv创建虚拟环境。在PowerShell中，执行Set-ExecutionPolicy命令以设置脚本执行权限。该命令执行一次后，无须再次执行。

我们使用"python –m venv环境名称"命令创建一个虚拟环境。然后使用指定的环境名称创建目录（环境名称venv_test），并通过在该目录中执行Activate.ps1脚本激活虚拟环境。

启用虚拟环境后，环境名称将显示在命令提示符下。

```
> Set-Executionpolicy RemoteSigned –Scope CurrentUser
```

```
> python -m venv venv-test
> dir venv-test

    目录:C:¥test¥venv-test


Mode                LastWriteTime         Length Name
----                -------------         ------ ----
d-----       2018/07/14     14:59                Include
d-----       2018/07/14     14:59                Lib
d-----       2018/07/14     14:59                Scripts
-a----       2018/07/14     14:59             84 pyvenv.cfg

> venv-test¥Scripts¥Activate.ps1
(venv-test) >
```

要离开/停用虚拟环境，执行deactivate命令。执行该命令后，系统将返回提示符。

```
(venv-test) > deactivate
>
```

如果不再需要虚拟环境，执行以下命令删除虚拟环境目录。

```
> rm -r -fo venv-test
```

在macOS中创建虚拟环境

在macOS上使用venv创建虚拟环境。使用“python3.6 -m venv 环境名称”命令创建一个虚拟环境。执行该命令将创建具有指定环境名称的目录，然后在该目录中执行激活脚本将激活虚拟环境。

启用虚拟环境后，环境名称将显示在命令提示符下。

```
$ python3.6 -m venv venv-test
$ ls venv-test
bin/        include/    lib/        pyvenv.cfg
$ source venv-test/bin/activate
(venv-test) $
```

在虚拟环境中，使用Python命令可以执行创建虚拟环境时的Python版本（在本书示例中为Python 3.6）。

此外，还可以通过执行which命令确认正在使用的虚拟环境的Python命令。

```
(venv-test) $ python –V
Python 3.6.6
(venv-test) $ which python
/(任意的PATH)/venv-test/bin/python
```

要离开/停用虚拟环境，执行deactivate命令。执行该命令后系统将返回提示符，并且继续执行Python命令会运行操作系统默认安装的Python 2.7.10版本。

```
(venv-test) $ deactivate
$ python –V
Python 2.7.10
```

如果不再需要虚拟环境，执行以下命令删除虚拟环境目录。

```
$ rm –rf venv–test
```

2.1.3 pip命令

pip命令是用来在Python环境中安装第三方软件包的命令，该第三方软件包可在名为PyPI（Python Package Index）的网站（如图2.1所示）上下载。本书中所介绍的与数据分析相关的软件包也是在PyPI上下载并通过pip命令安装的。

● PyPI网站

URL https://pypi.org/

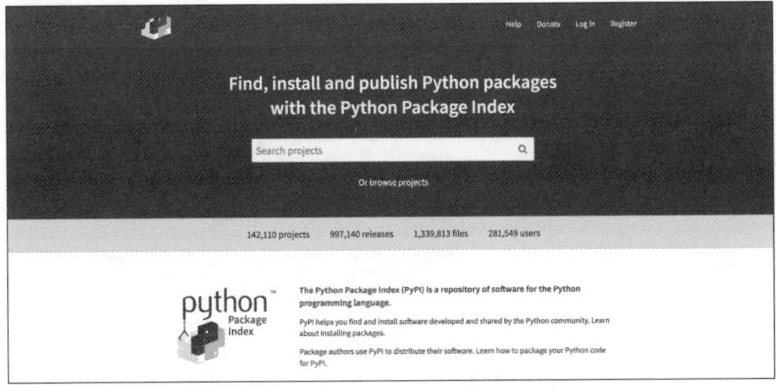

图2.1 PyPI网站首页

下面以macOS的终端为例进行说明。除了用于创建虚拟环境的命令外，其他命令在Windows和macOS中都是通用的，但仍然在此特别对其解释一下。

软件包的安装及卸载

软件包的安装需要使用pip install命令。创建Python虚拟环境后，在该环境下安装软件包（此处为NumPy）。

```
$ python3.6 –m venv pip–test
$ source pip–test/bin/activate
(pip-test) $ pip install numpy
  （中略）
Successfully installed numpy-1.14.5
(pip-test) $ python
>>> import numpy
>>> quit()
```

已安装的软件包如果不再需要，可以使用pip uninstall命令将其卸载。在该命令中添加-y选项即可执行卸载，无须再确认。

```
(pip-test) $ pip uninstall numpy
  （中略）
Proceed (y/n)? y                              # 输入 y，以确认是否可以运行
  Successfully uninstalled numpy-1.14.5
(pip-test) $ python
>>> import numpy
Traceback (most recent call last):
  File "<stdin>", line 1, in <module>
ModuleNotFoundError: No module named 'numpy'
>>> quit()
```

此外，如果需要安装特定版本的软件包，可以执行如pip install numpy==1.14.1这样的命令进行安装。如果需要将已经安装的软件包升级到最新版本，可以通过添加–U（upgrade）选项执行pip install –U numpy命令来实现。

```
(pip-test) $ pip install numpy==1.14.1          # 指定版本安装
  （中略）
Successfully installed numpy-1.14.1
(pip-test) $ pip install numpy          #因为已经安装了，所以没有任何反应
Requirement already satisfied: numpy in ./pip-test/lib/python3.6/site-packages
(pip-test) $ pip install –U numpy               # 更新到最新版本
```

```
  (中略)
Successfully installed numpy-1.14.5
```

如果pip命令版本较旧，则在执行时可能会收到警告信息。此时需要将pip包更新为最新版本。

```
(pip-test) $ pip install –U pip
  (中略)
Successfully installed pip-18.0
```

获取软件包列表

使用pip list命令获取已安装软件包的列表。使用venv创建虚拟环境时，将自动安装pip和setuptools软件包。

```
(pip-test) $ pip uninstall –y numpy  # 将numpy 删除
(pip-test) $ pip install –U pip      # 更新pip命令
 (中略)
(pip-test) $ pip list                # 获取包列表
Package    Version
---------- -------
pip        18.0
setuptools 39.0.1
(pip-test) $ pip install numpy==1.14.1 pandas
(pip-test) $ pip list
Package         Version
--------------- -------
numpy           1.14.1
pandas          0.23.1
pip             18.0
python-dateutil 2.7.3
pytz            2018.4
setuptools      39.0.1
six             1.11.0
```

由于pip install命令会自动安装相关的软件包，因此安装pandas的同时还会安装python-dateutil、pytz和six软件包。但需要注意的是，即使执行pip uninstall –y pandas命令卸载pandas，其他相关软件包也仍会被保留。

执行pip list –o命令可以查看具有较新版本软件包的列表。在下面的示例中，

numpy存在较新版本，因此需要使用-U选项安装最新版本。

```
(pip-test) $ pip list -o
Package    Version Latest Type
---------- ------- ------ -----
numpy      1.14.1  1.14.5 wheel
setuptools 39.0.1  39.2.0 wheel
```

在多个环境中统一软件包和版本

当多个人共同处理一个项目时，有必要使用相同的软件包及其版本。如果成员使用不同版本的软件包，则可能会遇到在自己的环境中可运行的程序无法运行在其他成员的环境中这种问题。即使开发过程是由单人进行，如果正在进行开发的计算机上的环境和运行实际程序的服务器环境未对软件包的版本进行统一，也会发生相同的问题。

使用pip freeze命令和requirements.txt文件来统一项目中所使用的软件包版本非常方便。pip freeze命令与pip list命令类似，都可以输出已安装软件包的列表。这种输出格式称为requirements格式，通过将输出信息保存在文件中并共享，可以实现在多个环境中统一软件包版本。

首先，安装标准环境所需的软件包，并将pip freeze命令的结果保存在文件requirements.txt中。文件名可以是任意文件名，但按照惯例，通常使用上述文件名。

注意，pip freeze命令的执行结果中不包括pip、setuptools等。

```
(pip-test) $ pip install -U numpy pandas   # 安装numpy 与pandas 的最新版
  (中略)
(pip-test) $ pip freeze > requirements.txt   # freeze
将结果保存到文件
(pip-test) $ cat requirements.txt
numpy==1.14.5
pandas==0.23.1
python-dateutil==2.7.3
pytz==2018.4
six==1.11.0
```

接下来，创建一个新的虚拟环境并安装相同的软件包。执行命令pip install -r requirements.txt，即可安装requirements.txt中指定的软件包。

```
(pip-test) $ deactivate
```

```
$ python3.6 -m venv pip-test2
$ source pip-test2/bin/activate
(pip-test2) $ pip freeze
(pip-test2) $ pip install -r requirements.txt        #使用此文件安装
  （中略）
(pip-test2) $ pip freeze                              # 检测是否安装了相同的版本
numpy==1.14.5
pandas==0.23.1
python-dateutil==2.7.3
pytz==2018.4
six==1.11.0
```

在实际操作中，可以使用版本控制系统（如Git）创建项目存储库，并在该存储库中共享requirements.txt文件。

2.1.4 Anaconda

前面章节采用正式版Python的虚拟环境，用pip命令创建Python执行环境。但在这里，将介绍一种不同的构建Python执行环境的方法：Anaconda。

什么是Anaconda

Anaconda是Anaconda公司开发和发行的发行版Python。Anaconda与迄今为止所介绍过的正式版Python有一定区别，特别是它采用了不同于venv和pip的虚拟环境创建方法和软件包管理工具。

Anaconda与许多数据科学中所使用到的标准库捆绑在一起，包括本书中所介绍的Jupyter Notebook、NumPy、pandas、Matplotlib和scikit-learn，因此它也已被广泛用于数据分析和数据科学领域。

使用Anaconda的优缺点

Anaconda与许多Python软件包捆绑在一起，它还拥有自己的conda命令，用于管理这些软件包并构建虚拟环境。

使用Anaconda的主要优点是其便捷性。大多数软件包仅需要一次安装即可完成所有设定，包括NumPy和scikit-learn等数据科学实践中的核心软件包。并且，我们还可以使用conda命令对软件包进行更新或添加。如果你是Python新手，如刚从另一种语言切换到此，那么使用Anaconda进行环境设置将变得简单而直接。

在使用Anaconda配置的环境中，可以同时使用conda和pip来管理软件包。但使用conda命令安装的软件包需要从Anaconda公司所管理的专有存储库中下载。相比pip命令，通过conda命令安装的工具版本可能较为陈旧，有时甚至不存在可以通过pip命令安装的软件包。不过，pip命令在Anaconda环境中也可以使用，因此可以通过pip命令添加这些软件包，但是这将有一定（极低）概率导致使用conda命令搭建起的环境遭到破坏，所以一般在使用Anaconda的情况下，建议使用conda命令对软件包进行管理。

如果使用pip命令添加无法通过conda命令安装的软件包，则需要留心上述情况的发生。这或许也是使用Anaconda的缺点之一。

Anaconda 的安装准备

要安装Anaconda，需访问相关网站下载Anaconda并下载、安装适用于自己操作系统的Python 3.6版本安装程序。

● 下载Anaconda

URL https://www.anaconda.com/download/

2.2 Python的基础

本节将讲解用Python创建数据分析程序所需的基础知识。除了说明Python的语法功能和基本语法外，十分建议大家掌握一些快捷操作，如pickle和pathlib等标准库操作。

2.2.1 Python语法

本小节将就Python语法的特点进行讲解。

构建环境

在解释语法前，请先使用venv创建一个虚拟环境以备执行本小节中的代码。此后讲解的代码都将在该虚拟环境上执行。

```
$ python3 -m venv env
$ source env/bin/activate
(env) $ python -V
Python 3.6.6
```

语法的思路

在Python中，语法是以“能够编写简单易读的代码”为设计理念的。同时，执行相同操作的程序也能够支持执行相似代码。

缩进

Python作为一种编程语言的特征之一是代码块由缩进（indent）而不是由括号表示。在下面的代码中，for语句的重复范围（模块）是从开始缩进的第2行到第7行。并且在此for语句中，满足if-elif-else条件时要处理的部分也由缩进表示。

```
for i in range(10):
    if i % 5 == 0:
        print('ham')
    elif i % 3 == 0:
        print('eggs')
```

```
    else:
        print('spam')
print('Finish!')
```

编码规范

Python有一个标准编码规范。编码规范汇编在一个名为PEP 8 – Style Guide for Python Code的文档中，称为PEP 8。在PEP 8中，当导入多个模块时，应该一次导入一行。

● PEP 8 – Style Guide for Python Code

URL https://www.python.org/dev/peps/pep-0008/

```
import sys, os              # 违反PEP 8规范的写法
```

```
import sys                  # 遵循PEP 8规范的写法
import os
```

pycodestyle是一个检查程序是否违反PEP 8规范的工具。 使用pip命令安装pycodestyle将添加一个pycodestyle命令，该命令允许检查程序是否违反了PEP 8规范。

● pycodestyle

URL https://pypi.org/project/pycodestyle/

```
(env) $ pip install pycodestyle
(env) $ cat sample.py          # 要检查的文件
import sys, os
(env) $ pycodestyle sample.py
sample.py:1:11: E401 multiple imports on one line
```

除了PEP 8以外，还有一个名为flake8的工具，它执行逻辑检查，如定义但未使用的变量，以及导入和未使用的模块。同样，如果使用pip命令进行安装，则会添加flake8命令。

● flake8

URL http://flake8.pycqa.org/

```
(env) $ pip install flake8
(env) $ flake8 sample.py
```

```
sample.py:1:1: F401 'sys' imported but unused
sample.py:1:1: F401 'os' imported but unused
sample.py:1:11: E401 multiple imports on one line
```

2.2.2 基本语法

本小节简要介绍Python的基本语法。请注意，下面的代码是以IPython交互模式运行的格式编写的。IPython为Python标准交互模式提供了一些有用的功能，如Tab键的补充功能。

在Python标准交互模式下，可以通过在>>>或...提示符后放置Python代码显示运行结果，如下所示。

```
(env) $ python
Python 3.6.6 (v3.6.6:4cf1f54eb7, Jun 26 2018, 19:50:54)
[GCC 4.2.1 Compatible Apple LLVM 6.0 (clang-600.0.57)] on darwin
Type "help", "copyright", "credits" or "license" for more
information.
>>> 1 + 1
2
>>> quit()
(env) $
```

使用pip命令可以安装IPython。也可以使用ipython命令启动IPython交互模式。其特点是提示符为数字，如In[1]:，相应的输出结果为Out[1]:。

```
(env) $ pip install ipython
(env) $ ipython
Python 3.6.6 (v3.6.6:4cf1f54eb7, Jun 26 2018, 19:50:54)
Type 'copyright', 'credits' or 'license' for more information
IPython 6.4.0 -- An enhanced Interactive Python. Type '?' for help.

In [1]: 1 + 1
Out[1]: 2

In [2]: quit()
(env) $
```

IPython交互模式还有其他有用的功能，包括：

- 命令以Tab键补充完整。
- 自动缩进。
- 在对象后面输入“？”即可显示对象的描述说明。
- 以“%”开头的魔术命令。
- 使用“!”执行shell命令。

IPython的功能也在Jupyter Notebook中使用，有关详细说明请参阅第2.3节。

条件分支与循环

在Python中，条件分支是if、elif和else的组合。重复（循环）则使用for语句。for语句检索可重复（循环）对象的每个元素并将其存储在变量中。

In

```
In  [1]: for year in [1835, 1935, 2020]:
   ...:     if year < 1900:
   ...:         print('19世纪')
   ...:     elif year < 2000:
   ...:         print('20世纪')
   ...:     else:
   ...:         print('21世纪')
   ...:
```

Out

```
19世纪
20世纪
21世纪
```

异常处理

异常处理由try except语句块执行。 如果发生异常，则执行except子句。

In

```
In [2]: try:
   ...:     1 / 0
   ...: except ZeroDivisionError:
   ...:     print('不可被0 整除')
   ...:
```

Out

```
不可被0整除
```

列表内涵

列表内涵是生成列表、集合等的简单功能。除了用于生成列表的“列表内涵关键词”以外，还有“集合内关键词”和“词典内关键词”。

以下是在使用列表内涵时，通过通常的循环处理生成列表中字符串长度列表的例子。

In

```
In [3]: names = ['spam', 'ham', 'eggs']

In [4]: lens = []

In [5]: for name in names:
   ...:     lens.append(len(name))
   ...:

In [6]: lens
```

Out

```
Out[6]: [4, 3, 4]
```

同样的处理，在列表内涵中可以记述如下。

In

```
In [7]: [len(name) for name in names]    # 创建字符串长度列表
```

Out

```
Out[7]: [4, 3, 4]
```

集合列表内涵用“{}”来定义。

In

```
In [8]: {len(name) for name in names}    # 创建字符串长度列表
```

Out

```
Out[8]: {3, 4}
```

类似地，字典列表内涵用key:value形式定义，并用“{}”括起来。

In

```
In [9]: {name: len(name) for name in names}  # 生成字符串及其长度的字典
```

Out

```
Out[9]: {'spam': 4, 'ham': 3, 'eggs': 4}
```

列表内涵中也可以使用条件式和嵌套，但如果过于复杂，请使用for语句。

In

```
In [10]: [x*x for x in range(10) if x % 2 == 0]
```

Out

```
Out[10]: [0, 4, 16, 36, 64]
```

In

```
In [11]: [[(y, x*x) for x in range(10) if x % 2 == 0] for y in range(3)]
```

Out

```
Out[11]:
[[(0, 0), (0, 4), (0, 16), (0, 36), (0, 64)],
 [(1, 0), (1, 4), (1, 16), (1, 36), (1, 64)],
 [(2, 0), (2, 4), (2, 16), (2, 36), (2, 64)]]
```

● 生成器表达式

如果使用与列表内涵相同的符号“()”来定义，则它将成为一个“生成器表达式”。列表内涵定义了列表，生成器表达式则可以生成一个生成器。该生成器一次返回一个值，因此，在处理大量数据时，由于不需要一次分配大量内存，从而可以减少运算负载。

In

```
In [12]: l = [x*x for x in range(100000)]  # 生成到10万的平方的列表
```

```
In [13]: type(l), len(l)                         # 确认类型和元素数量
```

Out

```
Out[13]: (list, 100000)
```

In

```
In [14]: g = (x*x for x in range(100000))  # 由生成器表达式进行定义

In [15]: type(g)                             # 确认类型
```

Out

```
Out[15]: generator
```

In

```
In [16]: next(g), next(g), next(g)          # 可按顺序检索值
```

Out

```
Out[16]: (0, 1, 4)
```

文件输入/输出

要输入和输出文件，请使用内置的open函数。此外，为了防止忘记关闭文件，建议使用with语句。

In

```
In [17]: with open('sample.txt', 'w', encoding='utf-8') as f:  # 文件写入
    ...:     f.write('你好\n')
    ...:     f.write('Python\n')
    ...:
```

In

```
In [18]: f.closed                            # 确认关闭文件
```

Out

```
Out[18]: True
```

In

```
In [19]: with open('sample.txt', encoding='utf-8') as f:  # 文件读取
    ...:     data = f.read()
    ...:

In [20]: data
```

Out

```
Out[20]: '你好\nPython\n'
```

字符串操作

Python中有各种各样的方法和功能，可以灵活地进行字符串处理。

In

```
In [21]: s1 = 'hello python'

In [22]: s1.upper(), s1.lower(), s1.title()  # 转换字符串的大小写
```

Out

```
Out[22]: ('HELLO PYTHON', 'hello python', 'Hello Python')
```

In

```
In [23]: s1.replace('hello', 'Hi')       # 替换字符串
```

Out

```
Out[23]: 'Hi python'
```

In

```
In [24]: s2 = '   spam  ham   eggs   '

In [25]: s2.split()                         # 用空白字符分割字符串
```

Out

```
Out[25]: ['spam', 'ham', 'eggs']
```

In

```
In [26]: s2.strip()                          # 删除左右空白字符
```

Out

```
Out[26]: 'spam  ham    eggs'
```

In

```
In [27]: s3 = 'sample.jpg'

In [28]: s3.endswith(('jpg', 'gif', 'png'))      # 检查字符串的结尾
```

Out

```
Out[28]: True
```

In

```
In [29]: '123456789'.isdigit()    # 检查字符串是否是数值字符串
```

Out

```
Out[29]: True
```

In

```
In [30]: len(s1)                  # 获取字符串的长度
```

Out

```
Out[30]: 12
```

In

```
In [31]: 'py' in s1               # 检查字符串中是否存在任意(特定)字符串
```

Out

```
Out[31]: True
```

In

```
In [32]: '-'.join(['spam', 'ham', 'eggs'])       # 连接多个字符串
```

Out

```
Out[32]: 'spam-ham-eggs'
```

format字符串方法通常用于通过在模板字符串中填充变量值等生成信息。

In

```
In [33]: lang, num, name = 'python', 10, 'takanory'

In [34]: '{} 喜欢{}'.format(name, lang)
```

Out

```
Out[34]: 'takanory 喜欢python'
```

In

```
In [35]: '{1} 喜欢{0} '.format(lang, name)        # 按参数顺序指定
```

Out

```
Out[35]: 'takanory 喜欢python'
```

In

```
In [36]: '{n}喜欢{num}的{num}次方{l}'.format(l=lang, n=name, num=num)
# 由关键字参数名称指定
```

Out

```
Out[36]: 'takanory喜欢10的10次方python'
```

2.2.3 标准程序库

Python附带了许多实用的模块作为标准库，只需安装Python即可使用。以下是一些可用于数据分析的标准库。

正则表达式模块

要在Python中使用正则表达式，可以使用re模块。

● re模块

URL https://docs.python.org/ja/3/library/re.html

In

```
In [37]: import re

In [38]: prog = re.compile('(P(yth|l)|Z)o[pn]e?') # 生成正则表达式对象

In [39]: prog.search('Python')              # 如果存在匹配项则返回匹配对象
```

Out

```
Out[39]: <_sre.SRE_Match object; span=(0, 6), match='Python'>
```

In

```
In [40]: prog.search('Spam')               # 如果没有匹配项，则返回None
```

● logging模块

使用logging模块比使用print函数更方便输出进程，如批处理。通过指定日志级别，可以在任何文件中输出指定格式的日志。

下面的操作示例是指定目标日志文件名、日志级别和输出格式。在默认情况下，日志输出格式为标准输出，日志级别为WARNING（警告）或更高。

In

```
In [41]: import logging

In [42]: logging.basicConfig(
    ...:     filename='example.log',      # 指定输出文件
    ...:     level=logging.INFO,          # 指定日志级别
    ...:     format='%(asctime)s:%(levelname)s:%(message)s'
    ...: )
```

然后实际输出日志，提供了5个日志级别的日志输出方法，只有比指定的日志级别（本例中为INFO）更重要的日志才会实际输出。

在下面的日志调试输出示例中，每个日志级别都是按其重要性逐级递增排列的（译者注：原文此处是“逐级递减排列”）。

In

```
In [43]: logging.debug('调试级别')

In [44]: logging.info('INFO 级别')

In [45]: logging.warning('警告级别')

In [46]: logging.error('错误级别')

In [47]: logging.critical('严重错误')
```

如上所述，生成名为example.log的日志文件，并输出INFO级别或更高的日志，如下所示。

Out

```
2018-08-16 18:46:18,025:INFO:INFO级别
2018-08-16 18:46:30,540:WARNING: 警告级别
2018-08-16 18:47:06,828:ERROR: 错误级别
2018-08-16 18:47:16,893:CRITICAL: 严重错误
```

datetime模块

datetime模块对于处理日期和时间等很有用。

● atetime模块

URL https://docs.python.org/ja/3/library/datetime.html

In

```
In [48]: from datetime import datetime, date

In [49]: datetime.now()          # 获取当前日期和时间
```

Out

```
Out[49]: datetime.datetime(2018, 7, 11, 20, 6, 37, 263506)
```

In

```
In [50]: date.today()            # 获取当天的日期
```

Out

```
Out[50]: datetime.date(2018, 7, 11)
```

In

```
In [51]: date.today() - date(2008, 12, 3)
# 计算Python 3.0发布至今（2018年7月11日）的天数
```

Out

```
Out[51]: datetime.timedelta(days=3507)
```

In

```
In [52]: datetime.now().isoformat()            #获得ISO 8601格式的字符串
```

Out

```
Out[52]: '2018-07-11T20:07:51.342613'
```

In

```
In [53]: date.today().strftime('%Y年%m月%d日') # 将日期转换为字符串
```

Out

```
Out[53]: '2018年07月11日'
```

In

```
In [54]: datetime.strptime('2018年7月11日', '%Y年%m月%d日')
# 将字符串转换为日期和时间
```

Out

```
Out[54]: datetime.datetime(2018, 7, 11, 0, 0)
```

pickle模块

pickle模块用于序列化（serialization）的Python文件读写等。

● pickle模块

URL https://docs.python.org/ja/3/library/pickle.html

In

```
In [55]: import pickle

In [56]: d = {'today': date.today(),      # 定义字典数据
    ...:      'delta': date(2019, 1, 1) - date.today()}
    ...:

In [57]: d
```

Out

```
Out[57]: {'today': datetime.date(2018, 7, 11), 'delta': datetime.
timedelta(174)}
```

In

```
In [58]: pickle.dumps(d)                            # 检查序列化信息
```

Out

```
Out[58]: b'\x80\x03}q\x00(X\x05\x00\x00\x00todayq\x01
cdatetime\ndate\nq\x02C\x04\x07\xe2\x07\x0bq\x03\x85q
\x04Rq\x05X\x05\x00\x00\x00deltaq\x06cdatetime\ntimedelta\nq\x07K\
xaeK\x00K\x00\x87q\x08Rq\tu.'
```

In

```
In [59]: with open('date.pkl', 'wb') as f:  #以字节写入模式打开文件
    ...:     pickle.dump(d, f)              # 以pickle格式保存数据
    ...:

In [60]: with open('date.pkl', 'rb') as f:  #以字节读取模式打开文件
    ...:     new_d = pickle.load(f)         # 读取pickle 格式的数据
    ...:

In [61]: new_d                              # 验证与原始数据(d)相同
```

Out

```
Out[61]: {'today': datetime.date(2018, 7, 11),
'delta': datetime.timedelta(174)}
```

pathlib模块

pathlib模块在Python中处理文件路径时很有用。

● pathlib模块

URL https://docs.python.org/ja/3/library/pathlib.html

In

```
In [62]: from pathlib import Path

In [63]: p = Path()                         # 在当前目录中生成Path对象

In [64]: p
```

Out

```
Out[64]: PosixPath('.')
```

如果是Windows操作系统，则为WindowsPath('.')。

In

```
In [65]: for filepath in p.glob('*.txt'):  # 按顺序打开和加载txt文件
    ...:     with open(filepath, encoding='utf-8') as f:
    ...:         data = f.read()
    ...:

In [66]: p = Path('/spam')

In [67]: p / 'ham' / 'eggs.txt'            # “/”用于创建路径
```

Out

```
Out[67]: PosixPath('/spam/ham/eggs.txt')
```

In

```
In [68]: p = Path('date.pkl')

In [69]: p.exists()                         # 检查文件是否存在
```

Out

```
Out[69]: True
```

In

```
In [70]: p.is_dir()                                  # 检查目录
```

Out

```
Out[70]: False
```

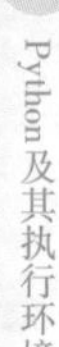

还有许多实用的标准库。有关标准库的列表，请参见官方文档中的Python标准库。

●Python 标准库

URL https://docs.python.org/ja/3/library/index.html

2.3 Jupyter Notebook

本节介绍Jupyter Notebook，它是一个常用的交互式程序执行环境，用于数据分析。我们将介绍Jupyter Notebook的安装、基本用法和经典操作，最后创建一个用于数据分析的Python运行环境。

2.3.1 Jupyter Notebook是什么

Jupyter Notebook 是开源开发的广泛应用于数据分析、可视化、机器学习等的工具。它是一个Web应用程序，允许在Web浏览器上执行各种程序、查看结果和创建文档。

Jupyter Notebook 最初是一个名为IPython Notebook的工具，它是作为在Web浏览器上运行IPython的工具而开发的，这在前面有所讲述。Jupyter Notebook是一种通用工具，它不仅支持Python，还支持Julia、R语言等各种编程语言。 Jupyter这个名字本身也正是取自“Julia”“Python”“R”。

Jupyter Notebook经常用于数据分析和机器学习领域。这是因为一个Notebook文件可以同时包含程序（如Python）和相应的结果文档（Markdown符号编码）。并且结果的显示不仅是普通的字符串形式，而且可以通过pandas的DataFrame以易于理解的表格形式展示，也可以使用Matplotlib等可视化工具以直观的图表形式展示。

2.3.2 安装

安装包含Jupyter Notebook的软件包。与其他第三方软件包一样，在venv上创建一个名为pydataenv的虚拟环境，然后使用pip命令进行安装。

```
$ python3 -m venv pydataenv
$ source pydataenv/bin/activate
(pydataenv) $ pip install jupyter==1.0.0
```

2.3.3 基本操作

现已安装了Jupyter Notebook，我们将介绍如何使用它。 首先，从终端启动Jupyter Notebook。

第一次启动Jupyter Notebook时，Web浏览器需要进行身份验证。把最后显示的网页地址“http://localhost:8888/?token=39b39ad……”复制到Web浏览器的URL输入区域中，即开始进行身份验证，Web浏览器中会显示出Jupyter Notebook Home页面。此后再次运行jupyter notebook命令，Web浏览器中将自动跳转至Home页面（如图2.2所示）。

```
(pydataenv) $ jupyter notebook
（中略）
[C 17:22:33.998 NotebookApp]

    Copy/paste this URL into your browser when you connect for the first time,
    to login with a token:
        http://localhost:8888/?token=39b39ad37085efb995 da95a15fad047ac32e(以下省略)
```

可以看到，Home页面上显示有文件列表、用于结束Jupyter Notebook的Quit按钮和各种菜单等。

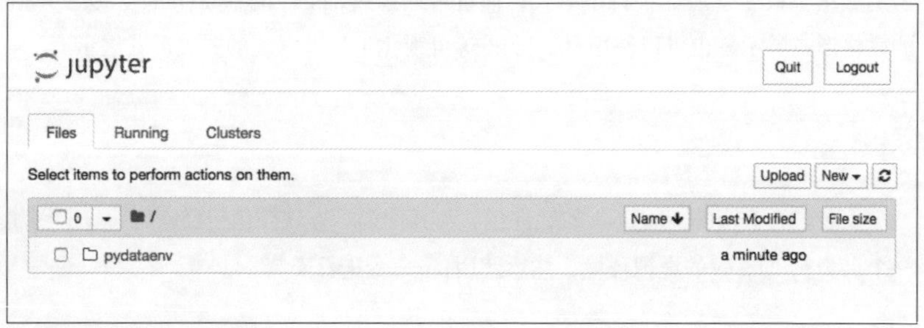

图2.2 Jupyter Notebook的Home页面

从Home页面的New下拉菜单中选择Python 3（如图2.3所示），将创建一个用于编写Python程序的新页面。该页面表示的内容称为Notebook，程序和图表等保存在名为Notebook的文件（扩展名为.ipynb）中。另外，如果安装了其他编程语言，也可以创建Julia和R语言的Notebook。

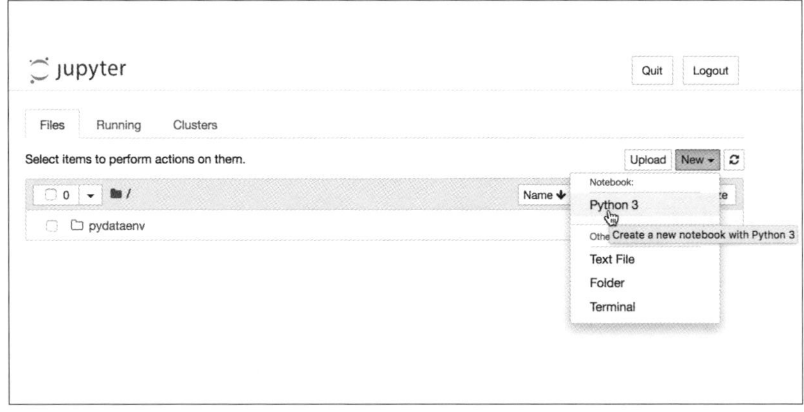

图2.3 新建Notebook文件

创建Notebook后，会显示一个如图2.4所示的页面。Notebook上有一个标题，标题是一个文件名（默认情况下为Untitled），也可以单击此处编写一个适当的文件名。

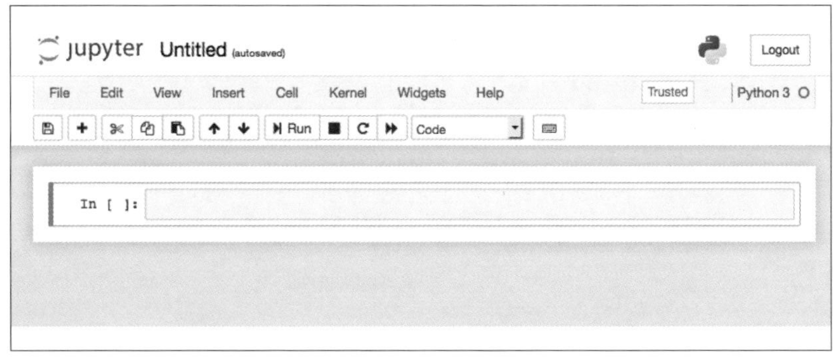

图2.4 Untitled的Notebook

在Notebook中，可在称为单元格（Cell）的区域中编写Python程序，然后按Shift+Enter键运行。 如果在以In开头的单元格中编写并执行程序，则结果将输出到以Out开头的单元格中。

下面运行第2.2节中介绍的一些Python程序（效果参见图2.5）。最上面的单元格是Markdown格式的单元格，因此，Jupyter Notebook的优点是它可以将描述文本和程序的运行结果合并为一个Notebook。在单元格中编写Python程序的行为是基于IPython的。因此，可以按原样使用第2.2节所述的Tab键（代码补齐）、魔术命令、shell命令等。

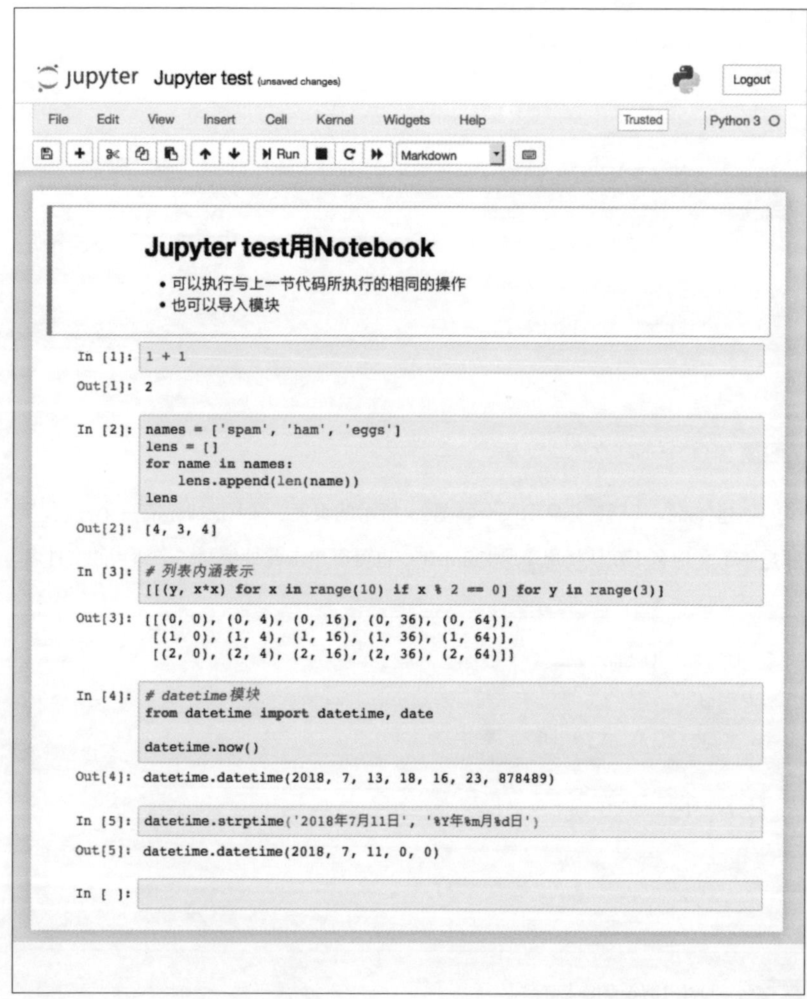

图2.5 用于Jupyter test 的 Notebook

编辑Notebook时会自动保存。

本书基本上就是在Jupyter Notebook上执行程序进行实验及讲解的。

2.3.4 简便用法

本小节介绍一些更方便地使用Jupyter Notebook和Notebook文件的方法。

Jupyter Notebook包含一个名为魔术命令的命令，其开头为%或%%。最常用的魔

术命令有 %timeit 和 %%timeit。

这两个命令都是通过多次尝试来测量程序执行时间的命令。前者测量单行程序的处理时间，后者测量整个单元格的处理时间。

下面的示例测量了从0到9999的平方列表的生成时间。可以看到，使用列表内涵表示法比使用for语句的代码处理速度更快，如图2.6所示。

```
In [6]: # 生成从0到9999的平方的列表(列表内涵表示)
        # 循环次数: 1000次  尝试次数: 10次
        %timeit -n 1000 -r 10 [x*x for x in range(10000)]

        786 µs ± 48.8 µs per loop (mean ± std. dev. of 10 runs, 1000 loops each)

In [7]: %%timeit -n 1000 -r 10

        # 生成从0到9999的平方的列表(for循环)
        # 循环次数: 1000次  尝试次数: 10次
        ret = []
        for x in range(10000):
            ret.append(x*x)

        1.39 ms ± 44.8 µs per loop (mean ± std. dev. of 10 runs, 1000 loops each)
```

图2.6 执行魔术命令

输入shell!，然后可以指定OS命令来执行shell命令。下面的示例是使用!pip list命令获取安装在pydataenv虚拟环境中的Python包列表，如图2.7所示。

```
In [8]: !pip list

        Package              Version
        ------------------ -------
        appnope              0.1.0
        backcall             0.1.0
        bleach               2.1.3
        decorator            4.3.0
        entrypoints          0.2.3
        html5lib             1.0.1
        ipykernel            4.8.2
        ipython              6.4.0
        ipython-genutils     0.2.0
        ipywidgets           7.2.1
        jedi                 0.12.1
        Jinja2               2.10
        jsonschema           2.6.0
        jupyter              1.0.0
        jupyter-client       5.2.3
        jupyter-console      5.2.0
        jupyter-core         4.4.0
```

图2.7 执行shell命令

如图2.8所示，从Jupyter Notebook的File菜单中选择Download as，可以用HTML、Markdown等多种格式下载Notebook文件。如果安装了pandoc和LaTeX，也可以用PDF格式下载。

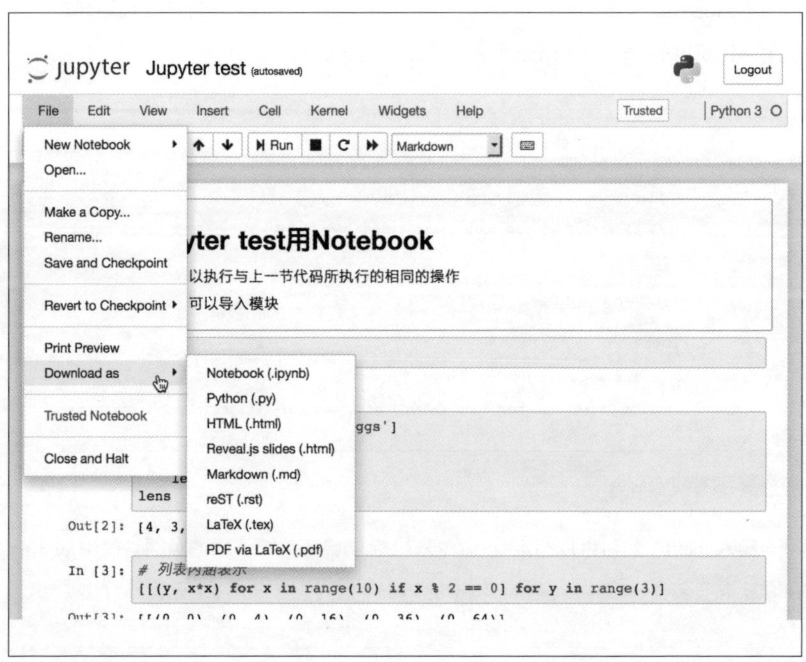

图2.8 Jupyter Notebook的File菜单

Notebook文件是以JSON格式编写的，基本上需要运行Jupyter Notebook才能查看程序和结果。但是，存储库服务（如GitHub）也可以查看Notebook文件，因此无须Jupyter Notebook环境即可查看，如图2.9所示。

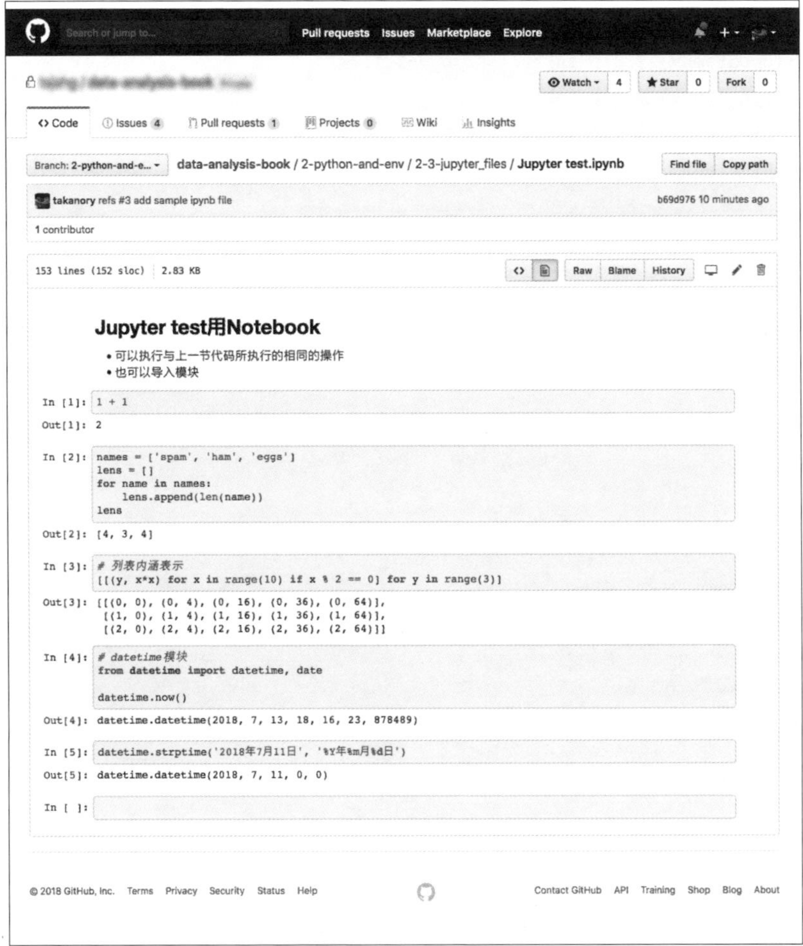

图2.9 在GitHub上查看Notebook文件

2.3.5 所需环境的准备

本小节创建一个环境，其中安装了从第4章开始所需使用的各种工具。使用pip命令将这些工具安装到刚才创建的pydataenv虚拟环境中。我们目前（就本书目前进度而言）安装这些固定版本，以确保实际运行结果与本书所供内容相同。而在进行实际意义上的数据分析时，建议使用最新版本。

```
(pydataenv) $ pip install numpy==1.14.5
(pydataenv) $ pip install scipy==1.1.0
(pydataenv) $ pip install pandas==0.23.3
(pydataenv) $ pip install matplotlib==2.2.2
(pydataenv) $ pip install scikit-learn==0.19.1
```

还可以安装pandas用于输入和输出各种数据的软件包。

```
(pydataenv) $ pip install xlrd==1.1.0
(pydataenv) $ pip install openpyxl==2.5.4
(pydataenv) $ pip install lxml==4.2.3
```

这样，必要的环境就准备好了。在执行第4章和第5章的代码时请使用此环境。

CHAPTER 3

数学基础

本章提供有关数学的基础知识，其知识范围包括至大学初级水平数学。本章的一个主要目的是：当看到一个公式时，可以理解它的意思。数学是一门历史悠久的学问，所以人们创造和利用了很多能直接传达概念的符号，用公式来简短、准确地传达信息。对于程序员来说，如果不明白这些独特的数学符号，的确会很麻烦。建议跟随本章以能够读懂公式为目标来开始学习吧。

3.1 数学公式的基础知识

本节介绍常用的数学符号、函数等。如果觉得有困难，就把它当作单纯的符号或术语来记忆，以放松学习的心情。

1
2
3
4
5
数学基础

3.1.1 公式和符号

希腊字母

在数学符号和公式中经常会看到希腊字母，而不是英语字母。如果看不懂希腊字母会很麻烦，所以我们先来了解一下希腊字母的形状和读法。如果还不明白，就请记住此处的表格（见表3.1），在以后的学习中随时查看就可以了。

表3.1 希腊字母

大　写	小　写	英　文	读　音	大　写	小　写	英　文	读　音
A	α	alpha	阿尔法	N	ν	nu	纽
B	β	beta	贝塔	Ξ	ξ	xi	克西
Γ	γ	gamma	伽玛	O	o	omicron	奥米克戎
Δ	δ	delta	得尔塔	Π	π	pi	派
E	ε	epsilon	艾普西隆	P	ρ	rho	柔
Z	ζ	zeta	泽塔	Σ	σ	sigma	西格玛
H	η	eta	伊塔	T	τ	tau	陶
Θ	θ	theta	西塔	Y	υ	upsilon	宇普西隆
I	ι	iota	约（yāo）塔	Φ	φ	phi	斐
K	κ	kappa	卡塔	X	χ	chi	希
Λ	λ	lambda	拉姆达	Ψ	ψ	psi	普西
M	μ	mu	谬	Ω	ω	omega	奥米伽/欧米伽

集合

数学很擅长表述抽象事物，所以它有时会表现为一个简单的数字集合，而不考虑顺序。这称为集合，与Python集合类型相同。

某个元素x属于集合S，用以下公式表示。

$$x \in S \tag{3.1}$$

集合内容也可以用大括号{}括起来。考虑以下两个集合A和B。

$$\begin{aligned} A &= \{1,2,3,4\} \\ B &= \{2,4,6,8\} \end{aligned} \tag{3.2}$$

例如，$8 \in B$，如果写成$8 \notin A$，也可以表示8不属于集合A。

两个集合的共同部分用$\cap$表示，如：

$$A \cap B = \{2,4\} \tag{3.3}$$

这叫作交集。

另一种被称为并集，是由集合中的所有元素组成的集合，用$\cup$表示，如：

$$A \cup B = \{1,2,3,4,6,8\} \tag{3.4}$$

空的集合称为空集，用$\varnothing$表示。

数字的汇总

就像Python程序经常使用列表一样，数学中也经常处理一组有序的数字。例如，n个数字的集合可以表示为

$$x_1, \cdots, x_n \tag{3.5}$$

除此之外，还可以表示为

$$x_i (i = 1, \cdots, n) \tag{3.6}$$

公式和编号

在描述性文本中引用特定公式时，对公式进行编号是很有用的。很多数学书籍的写法都是"如式（3.7）所示……"。式（3.7）是一个二次方程，其解为$x=0$和$x=1$。

$$x^2 - x = 0 \tag{3.7}$$

3.1.2 数学符号

许多编程语言（包括Python）都有for语句。它描述了迭代过程，数学中也有一些符号用来表示迭代。

重复加法

从x_1到x_n全部相加的计算可以表示为

$$\sum_{i=1}^{n} x_i \tag{3.8}$$

式（3.8）中使用的符号是希腊字母中的西格玛大写字母Σ。将循环的开头写在下面，结尾写在上面，这有时会被省略。此外，公式还可以表示程序无法执行的行为，如添加到无穷大。

$$\sum_{n=1}^{\infty} \frac{1}{4^n} = \frac{1}{3} \tag{3.9}$$

重复乘法

和加法一样，全部相乘的处理也有专用符号。x_1 到 x_n 的乘积可以表示为

$$\prod_{i=1}^{n} x_i \tag{3.10}$$

式（3.10）中使用的符号是希腊字母中π的大写形式$\prod$。其循环的开头和结尾的写法与Σ相同。

特殊常数

直径为1的圆，圆周有多长？这是众所周知的圆周率。3.1415…小数点无限循环。数学中使用π这个符号表示圆周率。

另一个经常使用的常量是用e表示的自然数（自然对数的底）。这对我们来说可能不像圆周率那样熟悉，但它却是在处理函数的微分和积分的解析学领域中起着非常重要作用的常数。e可以用式（3.11）定义。

$$\mathrm{e} = \sum_{n=0}^{\infty} \frac{1}{n!} \tag{3.11}$$

$n!$ 称为阶乘，是从n到1相乘得到的数。例如，$6! = 6\times5\times4\times3\times2\times1 = 720$，另外，规定$0! = 1$。具体e的值是2.71828…，这也是小数点无限循环的无限小数。

3.1.3 函数

编程函数与数学函数相似。接收变量值，进行某种计算，并将结果作为函数值返回。

如何编写函数

函数的名称通常用单个字符表示，如f或g，并使用等号来编写定义。以下函数f接收x作为参数，并将参数平方加1后的数字返回①。

① 注意编程语言中的函数，P表示接收参数并返回数值，这不是数学表达式，请注意。数学中的函数是决定相对于变量x的函数值$f(x)$对应关系的函数。

$$f\left(x\right)=x^2+1 \tag{3.12}$$

函数名称为f，编程函数中的参数为x。函数可以输入多个值。

$$f\left(x,y\right)=x^2-y^2+2 \tag{3.13}$$

一些特殊函数

函数的定义也可以由多个公式构成。以下函数在x取0~1的值时返回1，否则返回0。

$$f(x)=\begin{cases}0, & x>1\\1, & 0\leqslant x\leqslant 1\\0, & x<0\end{cases} \tag{3.14}$$

式（3.14）也可以写为式（3.15）的形式。

$$f(x)=\begin{cases}1, & 0\leqslant x\leqslant 1\\0, & \text{其他}\end{cases} \tag{3.15}$$

写着“其他”的部分是其他条件，有时也会使用英语单词otherwise等表示，格式比较自由。

指数函数

形如$f(x)=2^x$，便称为指数函数。在这个函数中，是“2乘2重复几次”的意思，2被称为底数。当底数是一个大于1的数字时，x越大，函数的值就越大。底数可以不是整数。在后面介绍函数微分的一节中，经常使用以纳皮尔对数为底的函数。$f(x)=\mathrm{e}^x$的曲线形状是以x为横轴，函数值$f(x)$为纵轴，如图3.1所示。底数大于1时，曲线的形状几乎相同。特别是$x=0$时，不管底数如何，函数值均为1。x变大，函数值急剧增大；变小则无限接近0。

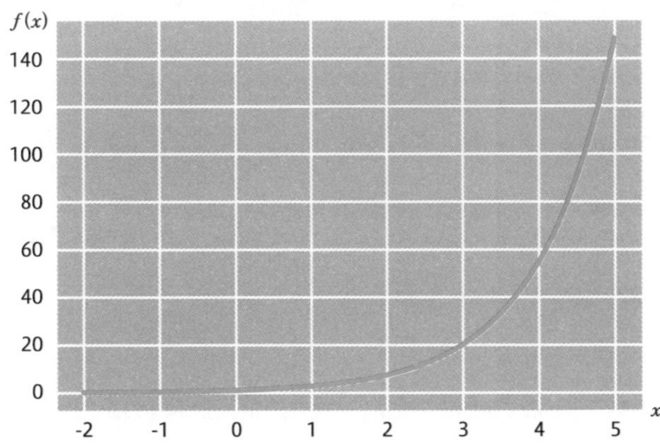

图2.1 指数函数

应用指数函数的函数是Sigmoid函数。Sigmoid函数是深度学习的基本技术——神经网络中常用的函数。函数由式（3.16）表示，曲线形状如图3.2所示。

$$f(x)=\frac{1}{1+\mathrm{e}^{-x}} \tag{3.16}$$

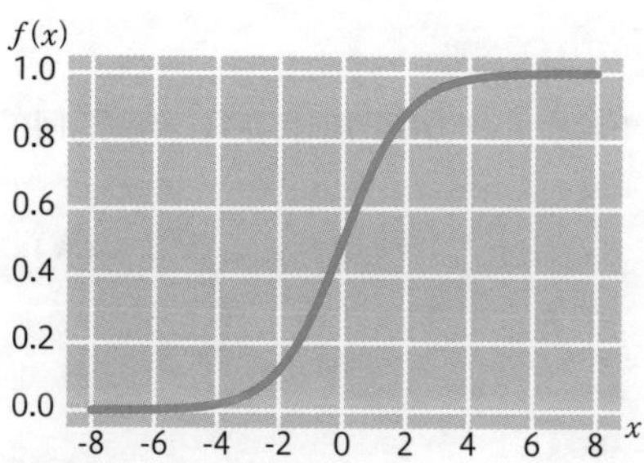

图3.2 Sigmoid函数

当x变大时，e^{-x}将无限接近0。因此，Sigmoid函数的值将接近1。相反，如果x是一个非常小的数字，e^{-x}将是一个很大的数字，所以用1除以一个非常大的数字，函数的值将无限接近于0。

对数函数

式（3.17）所表示的函数称为对数函数。

$$f(x)=\log_2 x \tag{3.17}$$

在本示例中，$f(8)=3$。当提出“2的几次方等于8？”时，3就是答案，这就是对数函数的输出。这个例子也和指数函数一样，把2称为底数。也就是说，对数函数输出/输入的值对应于底数的多少次方。当底数是纳皮尔对数时被称为自然对数，有时写成ln或省略底数中的e。

$$f(x)=\log_{\mathrm{e}} x=\ln x \tag{3.18}$$

另外，底数为10时，称为常用对数。没有特殊的记号，一般写作$\log_{10} x$，但有时会省略底数的10①。

底数为10的情况下，直观易懂，输出相当于输入的位数。在常用对数中输入100，100是10的平方，所以返回2。输入1000即返回3。可以看到，随着位数的变化，数字增加了一位。例如，输入的值大于100且小于1000，则返回的值大于2，并且小于3。

对数函数（自然对数）的曲线如图3.3所示。函数的值只能在x为正的区域定义，即$f(x)=0$，这是因为数字的0次方为1。

① 如果选择省略底数，需要注意是底数10还是e。在本书中，函数公式只写log的时候，则视为已经省略了e。

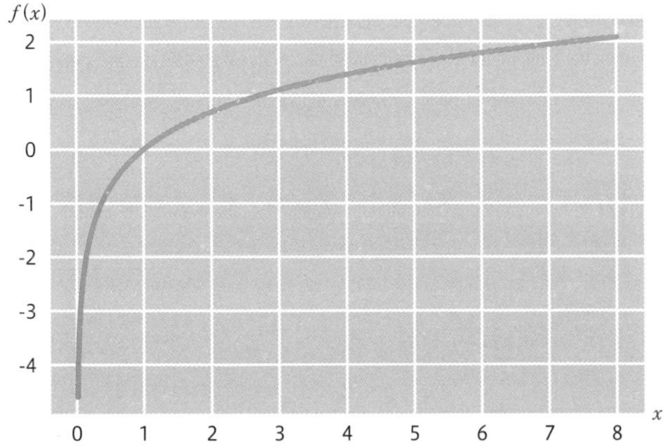

图3.3 对数函数（自然对数）

三角函数

在角度为θ的坡上行走距离为1时，在水平方向和垂直方向上会移动多少呢？稍微考虑一下就能明白，这是会根据角度的大小而变化的。这个可以表示为角度大小的函数，称为三角函数。水平方向移动$\cos\theta$时，垂直方向则对应移动$\sin\theta$。如图3.4所示，当角度θ变大时，$\sin\theta$随着变大，曲线升高；θ变小时，则曲线升高速度变缓；$\cos\theta$变大时，水平坐标也变大。

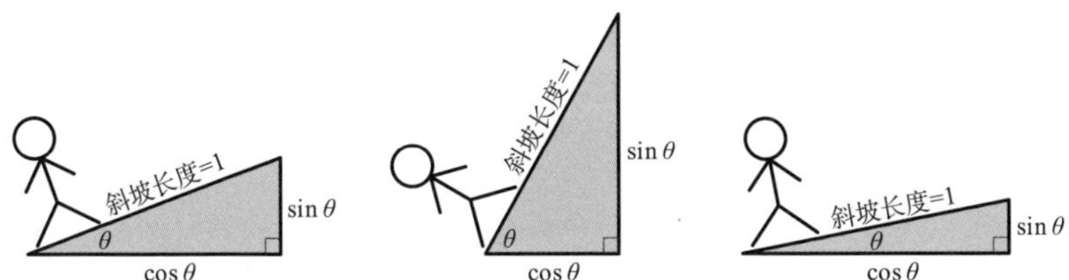

图3.4 三角函数的意义

角度一般是从0°到360°为一周，三角函数中此概念也可视为弧度法：一周为2π rad。这正好相当于半径为1的圆的圆周长度。

角度θ变大，坡道的倾斜变陡；角度θ变小，坡道的倾斜变得平缓。表示此斜度的函数是tan，通过使用sin和cos，tan可以定义为

$$\tan\theta = \frac{\sin\theta}{\cos\theta} \tag{3.19}$$

高度h的函数为

$$h = \sin\theta \tag{3.20}$$

打个比方，假设你在攀登（高度为 h ），则应该会在意角度是多少。反三角函数可以表示为

$$\theta = \sin^{-1} h = \arcsin h \tag{3.21}$$

另外，因为变量h可以对应多个θ，所以要定义为函数，需要先确定θ的范围。

◎ 双曲线函数

使用指数函数定义的下一个函数名为双曲线函数。

$$\begin{cases} \sinh x = \dfrac{e^x - e^{-x}}{2} \\ \cosh x = \dfrac{e^x + e^{-x}}{2} \end{cases} \tag{3.22}$$

分别读作双曲正弦函数和双曲余弦函数。和 tan 一样，可以定义 tanh 为

$$\tanh x = \frac{\sinh x}{\cosh x} \tag{3.23}$$

cosh 函数图像的形状称为悬垂线和悬链线曲线，表现了拿着绳索两端时所看到的曲线的形状。

3.2 线性代数

以向量和矩阵的运算为中心的线性代数，作为支撑分类和降维等算法的理论，活用在很多领域。

3.2.1 向量及其运算

所谓向量

象棋盘由9×9的81个格子组成，指示场所时，像“4七飞车”（译者注：原文指一种象棋游戏）一样，需将横方向和纵方向的数值组合使用。像这样，把几个数字集中起来处理有很多意义，这样的结构可以提高数学的表现力。

所谓向量，是用圆括号将数字括起来表示。

$$(4,7) \tag{3.24}$$

式（3.24）表示二维向量。向量可以表示为方向和长度的箭头。如果是二维向量，则可以在如图3.5所示的二维平面上表现。

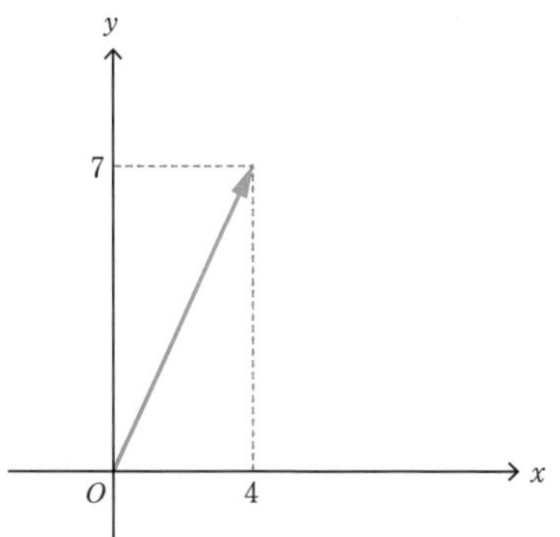

图3.5 向量用箭头表示

该向量是从原点坐标(0，0)开始，以到(4，7)结束的箭头终止。这样，将原点作为起点的向量称为位置向量。但是，向量只要方向和长度相同即可实现此意义，所以不一定必须从原点开始。

但这样表示会有一些难以理解，因此如果要表达表示地点的坐标，就水平排写数字；如果要表达向量，也可以垂直排写数字。

$$\begin{pmatrix} 4 \\ 7 \end{pmatrix} \tag{3.25}$$

我们将在后面讲解矩阵的内容中再次提及水平和垂直书写之间的差异。在本书的其余部分，将用水平向量表示空间位置的坐标，用垂直向量表示具有方向和大小的位置向量。

如果将n个数字进行排列，则会得到n维向量。在不使用具体数值，而用字符表示向量的情况下，为了让人清楚字符的意思，也可以在字符上添加箭头或用黑体字表示。

$$\vec{x} = \boldsymbol{x} = \begin{pmatrix} x_1 \\ x_2 \\ \vdots \\ x_n \end{pmatrix} \tag{3.26}$$

◎ 向量运算

向量加法是元素数量的加法。也就是说，我们只能在元素数量相同的向量之间进行计算。

$$\boldsymbol{x} + \boldsymbol{y} = \begin{pmatrix} x_1 + y_1 \\ x_2 + y_2 \\ \vdots \\ x_n + y_n \end{pmatrix} \tag{3.27}$$

如果用容易理解的二维图像来想象这个向量，那么该向量则是一条从原点起始的由x和y构成的平行四边形的对角线，如图3.6所示。该向量从(0, 0)开始沿着x轴运动到(x_1, x_2)，之后沿着y轴继续运动，最终到达$(x_1 + y_1, x_2 + y_2)$。

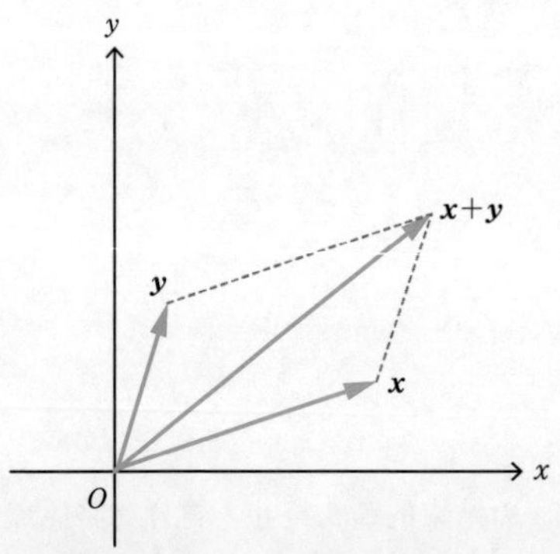

图3.6 向量加法

相对于向量，单一数字有时称为标量。向量和标量可以相乘。具体的运算方法是将向量的每个元素进行标量倍数的相乘。

$$a\boldsymbol{x} = \begin{pmatrix} ax_1 \\ ax_2 \\ \vdots \\ ax_n \end{pmatrix} \tag{3.28}$$

乘以 -1 只会改变符号，所有元素的绝对值仍保持不变。如果用箭头表示向量，则图像的起点相同，但方向相反。

让我们再来思考一下向量的减法。与加法相同，计算时要对每个元素进行减法运算。

$$\boldsymbol{x} - \boldsymbol{y} = \begin{pmatrix} x_1 - y_1 \\ x_2 - y_2 \\ \vdots \\ x_n - y_n \end{pmatrix} \tag{3.29}$$

我们以二维向量为例，如图 3.7 所示。在进行减法运算时，我们可以将其视为添加 $-y$，那么向量首先从 $(0,0)$ 开始沿着 x 轴向 (x_1, x_2) 运动，然后沿着 $-y$ 轴的方向前进。由于向量在平移时是不变的，因此该向量最终会变成由 $\boldsymbol{x}$ 与 $\boldsymbol{y}$ 所构成的平行四边形中，从 (y_1, y_2) 到 (x_1, x_2) 方向的箭头。

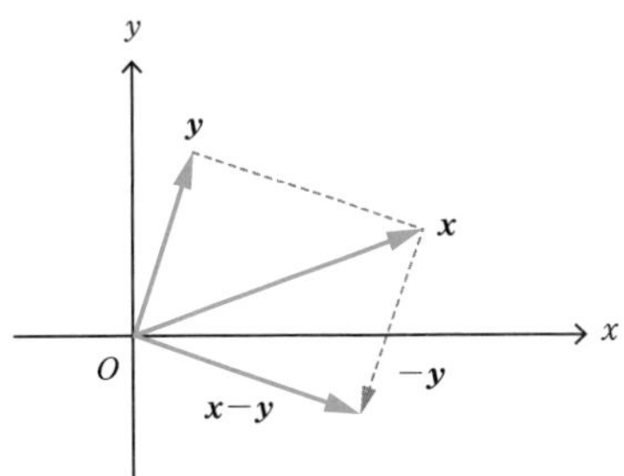

图 3.7 向量减法

范数

当用标量来表示向量的大小时，我们将其称为范数。范数来源于英文单词 norm，表示“标准、规范”等意思。

由于向量是数字的集合，因此有多种方法将其表示为单一标量。最常见的方法是测量平面上从原点开始的直线距离。这时要在向量两侧分别用两条竖线的符号进行表示。

$$\|\mathrm{x}\| = \sqrt{x_1^2 + x_2^2 + \cdots + x_n^2} \tag{3.30}$$

这个距离也称为欧几里得距离。另一种方法是将向量每个元素的绝对值相加。

$$\|\mathrm{x}\|_1 = |x_1| + |x_2| + \cdots + |x_n| \tag{3.31}$$

欧几里得距离是一条直线距离，但这只是沿着坐标轴到达目的地的直线。但在实际的城市区域中，我们无法沿直线移动到目标建筑物，而是需要沿着道路前进，不过依然与此类似。因此，该距离有时也称为曼哈顿距离[①]。

在式（3.31）中，为了与欧几里得距离进行区分，添加了下标1作为标注，而将欧几里得距离写为$\|\mathrm{x}\|_2$，它有时也被称为L^2。通过这种格式，曼哈顿距离则可以被标记为L^1范数，那么将这种方法一般化后，我们即可通过以下等式来计算L^p范数。

$$\|\mathrm{x}\|_p = (|x_1|^p + |x_2|^p + \cdots + |x_n|^p)^{\frac{1}{p}} \tag{3.32}$$

内积

向量之间的乘法运算有两种方法。在这里，我们将介绍其中的一种——内积。向量的内积通过点来表示，其计算结果为标量。它是所有要素数字乘积之和。

$$\mathrm{x} \bullet \mathrm{y} = \sum_{i=1}^{n} x_i y_i = x_1 y_1 + x_2 y_2 + \cdots + x_n y_n \tag{3.33}$$

内积除以两个向量的L^2范数所得出的结果，是两个向量形成角度的余弦值（cos）。

$$\cos\theta = \frac{\mathrm{x} \bullet \mathrm{y}}{\|\mathrm{x}\|\|\mathrm{y}\|} \tag{3.34}$$

由于其结果是标量，内积也称为标量积。

除了内积，还有另外一种称为外积的乘法运算，这种运算可以利用两个向量创造一个新的向量。本书在这里省略了详细的说明，有兴趣的读者请查阅其他参考文献。

3.2.2 矩阵及其运算

什么是矩阵

沿着一个方向排列的数字是向量，而沿着行和列两个方向向外扩张的数字，则称为矩阵（matrix）。式（3.35）是一个2行3列的矩阵。在接下来的内容里，本书会将其表示为2×3矩阵。

$$\boldsymbol{A} = \begin{pmatrix} 11 & 12 & 13 \\ 21 & 22 & 23 \end{pmatrix} \tag{3.35}$$

我们按照行、列的顺序指定矩阵位置。那么矩阵$\boldsymbol{A}$的2行1列的元素则应用21

① 该名称源于以道路网格状排列城市的图像，如曼哈顿市中心或京都市中心。

来表示。我们可以添加两个标记符号来表示矩阵元素，如 a_{ij}。如果要表示的矩阵规模较大，可以省略中间的元素。式（3.36）表示的就是 $m\times n$ 矩阵。

$$\boldsymbol{A}=\begin{pmatrix} a_{11} & a_{12} & \cdots & a_{1n} \\ a_{21} & a_{22} & \cdots & a_{2n} \\ \vdots & \vdots & \ddots & \vdots \\ a_{m1} & a_{m2} & \cdots & a_{mn} \end{pmatrix} \tag{3.36}$$

行与列规模相同的矩阵称为正方矩阵。在正方矩阵中，如果分布在从左上到右下方对角线上的元素（对角元素）均为1，而其他元素为0，则这种矩阵称为单位矩阵。有时会用“$\boldsymbol{I}$”等符号来表示。

$$\boldsymbol{I}_n=\begin{pmatrix} 1 & 0 & \cdots & 0 \\ 0 & 1 & \cdots & 0 \\ \vdots & \vdots & \ddots & \vdots \\ 0 & 0 & \cdots & 1 \end{pmatrix} \tag{3.37}$$

向量在广义上也是矩阵。可以将水平向量视为 $1\times n$ 矩阵，将垂直向量视为 $m\times 1$ 矩阵。

矩阵运算

与向量相同，元素的加法和减法可以定义矩阵的加法和减法。当然，两个矩阵必须具有相同数量的行和列。

$$\boldsymbol{A}-\boldsymbol{B}=\begin{pmatrix} a_{11}-b_{11} & a_{12}-b_{12} & \cdots & a_{1n}-b_{1n} \\ a_{21}-b_{21} & a_{22}-b_{22} & \cdots & a_{2n}-b_{2n} \\ \vdots & \vdots & \ddots & \vdots \\ a_{m1}-b_{m1} & a_{m2}-b_{m2} & \cdots & a_{mn}-b_{mn} \end{pmatrix} \tag{3.38}$$

当矩阵中的列数和向量大小相同时，可以定义这些乘法。其结果是与原始矩阵中的行数大小相同的向量。

$$\boldsymbol{Ax}=\begin{pmatrix} a_{11} & a_{12} & \cdots & a_{1n} \\ a_{21} & a_{22} & \cdots & a_{2n} \\ \vdots & \vdots & \ddots & \vdots \\ a_{m1} & a_{m2} & \cdots & a_{mn} \end{pmatrix}\begin{pmatrix} x_1 \\ x_2 \\ \vdots \\ x_n \end{pmatrix}=\begin{pmatrix} a_{11}x_1+a_{12}x_2+\cdots+a_{1n}x_n \\ a_{21}x_2+a_{22}x_2+\cdots+a_{2n}x_n \\ \vdots \\ a_{m1}x_1+a_{m2}x_2+\cdots+a_{mn}x_n \end{pmatrix} \tag{3.39}$$

听起来会比较复杂，所以这里有一个二次方矩阵和向量乘法的示例。

$$\begin{pmatrix} 1 & 2 \\ 3 & 4 \end{pmatrix}\begin{pmatrix} 5 \\ 6 \end{pmatrix}=\begin{pmatrix} 1\times5+2\times6 \\ 3\times5+4\times6 \end{pmatrix}=\begin{pmatrix} 17 \\ 39 \end{pmatrix} \tag{3.40}$$

矩阵乘法

了解了矩阵与向量的乘法后，即可定义矩阵之间的乘法。矩阵乘法的结果，依然会得到矩阵。下面让我们用具体数字看一看2×2的正方矩阵间的乘法运算。首先要清楚，被乘的矩阵是带有水平向量的矩阵，而另一个矩阵是带有垂直向量的矩阵，知道了这些对我们的理解会很有帮助。

$$\begin{pmatrix}1 & 2\\3 & 4\end{pmatrix}\begin{pmatrix}5 & 7\\6 & 8\end{pmatrix}=\begin{pmatrix}1\times5+2\times6 & 1\times7+2\times8\\3\times5+4\times6 & 3\times7+4\times8\end{pmatrix}=\begin{pmatrix}17 & 23\\39 & 53\end{pmatrix} \tag{3.41}$$

在进行乘法运算时可以将数值的顺序进行更改，但在矩阵的乘法运算中更改顺序后结果不一定相同。如果有精力，可以进行验证。不过由于在正方矩阵中，单位矩阵的运算结果与原始矩阵完全相同，因此它可以更换顺序。

正方矩阵相乘后会得到相同大小的结果。通常$m\times s$矩阵乘以$s\times n$矩阵后，会得到$m\times n$矩阵。这里将运算过程总结如下。

$$\begin{aligned}\boldsymbol{AB}&=\begin{pmatrix}a_{11} & a_{12} & \cdots & a_{1s}\\a_{21} & a_{22} & \cdots & a_{2s}\\\vdots & \vdots & \ddots & \vdots\\a_{m1} & a_{m2} & \cdots & a_{ms}\end{pmatrix}\begin{pmatrix}b_{11} & b_{12} & \cdots & b_{1n}\\b_{21} & b_{22} & \cdots & b_{2n}\\\vdots & \vdots & \ddots & \vdots\\b_{s1} & b_{s2} & \cdots & b_{sn}\end{pmatrix}\\&=\begin{pmatrix}\sum_{i=1}^{s}a_{1i}b_{i1} & \sum_{i=1}^{s}a_{1i}b_{i2} & \cdots & \sum_{i=1}^{s}a_{1i}b_{in}\\\sum_{i=1}^{s}a_{2i}b_{i1} & \sum_{i=1}^{s}a_{2i}b_{i2} & \cdots & \sum_{i=1}^{s}a_{2i}b_{in}\\\vdots & \vdots & \ddots & \vdots\\\sum_{i=1}^{s}a_{mi}b_{i1} & \sum_{i=1}^{s}a_{mi}b_{i2} & \cdots & \sum_{i=1}^{s}a_{mi}b_{in}\end{pmatrix}\end{aligned} \tag{3.42}$$

还可以通过点函数或@运算符来计算向量的内积和矩阵的积，这些内容在第4.1节“点积”部分中有详细的说明。

● 矩阵分解

$m\times s$矩阵乘以$s\times n$矩阵后，会得到$m\times n$矩阵，那么反过来，或许$m\times n$矩阵也可以被分解为$m\times s$矩阵和$s\times n$矩阵（如图3.8所示）。即使两个矩阵相乘后所得到的矩阵与原始矩阵不完全相等，但找出两个近似的矩阵对于数据分析和机器学习很有意义。

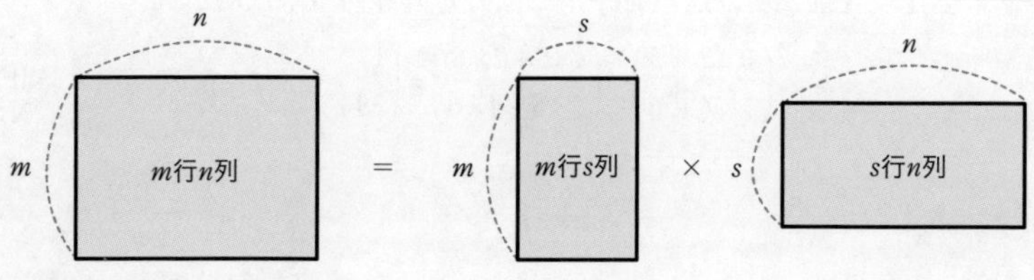

图3.8 矩阵分解的示意图

我们试着将原始的矩阵视为数据，其中m个样本中含有n个解释变量。如果s的选择得当，且小于原始解释变量的维度n，则可以认为样本也在更小的维度范围内。如果维度小于或等于3，那么就可以用图像对其进行表示。

这种矩阵分解理论是数学的主要领域之一，已经积累了非常多的知识。其中一部分理论已经成为主成分分析法以及非负矩阵分解（non-negative matrix factorization，NMF）的根基，并且支持着近年来机器学习技术的进步。

3.3 基础解析

机器学习理论通常以功能的优化为最终结果，在这种情况下可以采用微分的方法来探寻最佳解决方案。那么，本节就让我们一起来学习关于微分的基本理论。

3.3.1 微分与积分的意义

以函数的微分和积分为主要内容的解析学，与物理法则有紧密的联系，而且它还是支持现代社会科学技术的基础。但是，由于其复杂性，微积分很难被理解。首先，我们将解释微分和积分是什么以及微分和积分意味着什么。大家在这里先不用作太深的思考，优先以理解图像为目标来深入阅读。

积分就是面积

$y=x$ 是一个用直线表示的最简单的函数。如果将其书写为 $f(x)=x$，所表达的内容也没有变化。想象一下，在 x 轴上取点 $(a,0)$，并从该点画出 y 轴的平行线后，此时被线所包围的（如图3.9所示）有颜色的部分就是该区域。

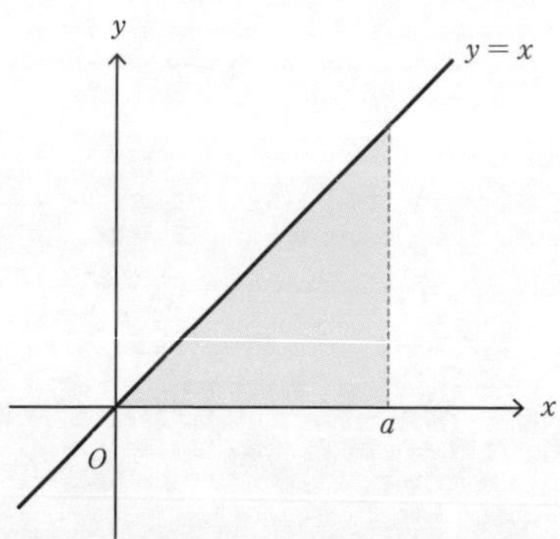

图3.9 函数与 x 轴所包围区域的面积①

由于该区域为直角三角形，所以假设 a 为4时，区域面积为 $4\times4\times\frac{1}{2}=8$。由于该区域范围根据点在 x 轴上的位置变化而变化，因此当坐标为 a 时，表示面积的函数 F 如下。

① 该面积有特殊性，当考虑 x 轴下方的面积时，应为负值。

$$F(a)=\frac{1}{2}a^2 \tag{3.43}$$

我们还可以像下面的公式一样，用积分符号∫表示同样的概念。

$$F(a)=\int_0^a x\mathrm{d}x=\frac{1}{2}a^2 \tag{3.44}$$

积分的下标是积分开始的位置，而上标是积分结束的位置。当积分范围以这种方式被固定时，称为定积分。dx则表示要在x上进行积分的符号。

在使用积分符号时，首先可以被联想到的函数就是$f(x)=x$。这个函数表示对从0至a的范围进行积分，其意义等同于求出$y=x$函数图像中函数线与$x=a$所包围区域的面积，而这就是积分的意义。

微分就是斜率

我们将先前用积分所构成的函数$F(a)=\frac{1}{2}a^2$画在图像上，在a轴上取一个点并将其坐标设为x。然后继续顺着从a轴延伸出h的位置上取一个新点，再用直线贯穿这两点，如图3.10所示。

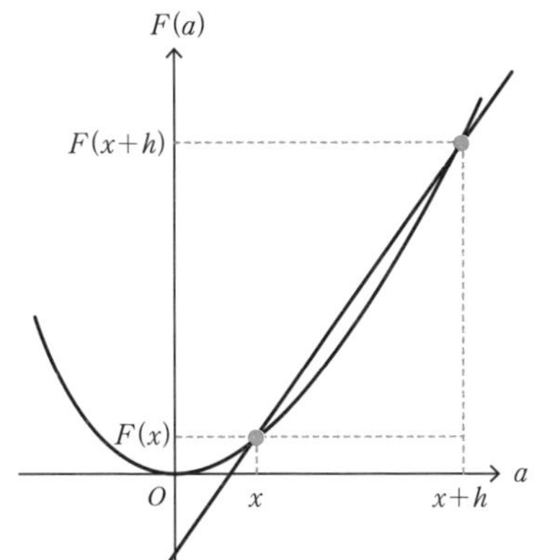

图3.10 两点间的变化率

让我们看一看这条直线的斜率。在实际计算时，其公式应该如下。

$$\frac{\frac{1}{2}(x+h)^2-\frac{1}{2}x^2}{x+h-x}=\frac{\frac{1}{2}h^2+xh}{h}=\frac{1}{2}h+x \tag{3.45}$$

式（3.45）开始时比较复杂，但最后则变得简单明了。

现在，让我们假设h无限趋近于0。这样一来，直线便不再通过两个点，而是从先取的点x开始与函数本身相接。这也就是切线的斜率。虽然“h无限趋近于0”与

“h为0”并不是同样的概念，但可以用约等于符号（≈）忽略细节差异。通过进一步计算后，可以得到下面的结果。

$$\frac{1}{2}h+x\approx x \tag{3.46}$$

切线的斜率会根据位置的变化而发生变化，在这个例子中所指的就是x。也就是说，$F(x)$的切线的斜率为$f(x)=x$，它又返回了积分之前的函数。所以，如果想求出某个函数切线的斜率，但这个函数与积分前的函数相同，也就相当于进行了微分计算。微分与积分是同一枚硬币的两个面。将函数$F(x)$微分后就会变成$f(x)$。这种情况下，我们将F称为f的原始函数，将f称为F的导函数。$F(x)$的微分写作

$$F'(x) \tag{3.47}$$

该函数有时也写作$y=x$，在这个例子中，导数也可以表示为

$$\frac{\mathrm{d}y}{\mathrm{d}x} \tag{3.48}$$

3.3.2 简单的函数微分与积分

我们用$y=2$来举个例子。如果将其绘制为图形，它将会是一条平行于x轴的直线，如图3.11所示。

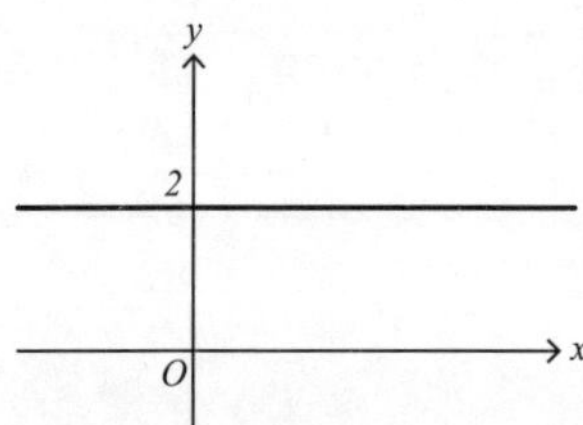

图3.11 $y=2$ 的图像

不管x如何变化，这条直线的值永远不会改变。因此，如果用x对这个函数进行微分，则其值为0。并且，对于任何常数都是如此，那么我们将某个常数的值赋予C后，再来思考一下$y=C$这个函数，以下的等式即会成立。

$$\frac{\mathrm{d}y}{\mathrm{d}x}=0 \tag{3.49}$$

再来看下面的多项式函数。我们设n为整数，C为某个常数。

$$f(x)=x^n+C \tag{3.50}$$

将这个函数微分后等式如下。

$$f'(x)=nx^{n-1} \tag{3.51}$$

如果遵循这个规则，那么$f(x)=\frac{1}{2}x^2$微分后，可以得出$f'(x)=x$。积分则与微分相反，可成立的等式如下。

$$\int x^n \mathrm{d}x=\frac{1}{n+1}x^{(n+1)}+C \quad (n\neq -1) \tag{3.52}$$

如果将等式右侧微分，可以发现结果与左侧$\int$中的函数相等。

像这样积分范围不确定的积分称为不定积分。C虽然称为积分常数，但是对常数进行微分后会变成0，所以会附带不定积分。在公式（3.55）中，我们会介绍在$n=-1$且右侧的分母为0的情况下应该如何进行处理。

各种函数的微分与积分

$f(x)=\mathrm{e}^x$这个函数，在微分后也完全不会发生改变。但这种情况仅在底数为e的情况下成立。在微分后也不会改变函数形状这种性质，是让以自然常数为底数的指数函数成为解析学中重要角色的理由之一。虽然积分后函数的形状不发生变化，但是会增加积分常数。

三角函数的微分有些许复杂，它们的关系如下。

$$\begin{aligned}(\sin x)'&=\cos x\\(\cos x)'&=-\sin x\end{aligned} \tag{3.53}$$

用x对自然对数进行微分，得到以下结果。这只在定义原始对数函数时$x>0$的范围内成立。

$$(\log x)'=\frac{1}{x} \tag{3.54}$$

既然积分与微分是一体两面，那么反过来也可以计算$\frac{1}{x}$的积分。

$$\int\frac{1}{x}\mathrm{d}x=\log|x|+C \tag{3.55}$$

注意等式右侧x的绝对值。

3.3.3 微分与函数的值

我们来看一个简单的二次函数$y=\frac{1}{2}x^2$以及A、B两点（如图3.12所示）。

将这个函数微分后，得到$\frac{\mathrm{d}y}{\mathrm{d}x}=x$。

点A处切线的斜率是负数。同理，点B处的切线斜率是正数。通过将x的特定值代入导函数所获得的值称为导数，但是如果该值为负，则函数会随着x的增加而减小。相反，如果该值为正，则随着x的增加，原始函数的值也会增加。

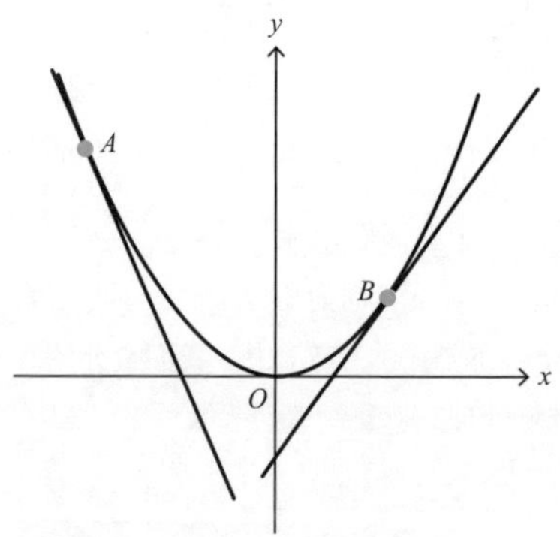

图3.12 微分系数与函数的增减性

我们现在所了解的都是比较容易理解的函数，但在处理复杂的函数时，通过微分系数的计算来了解函数的增加或减少的趋势十分有用。在许多机器学习算法中，通常会在内部执行复杂目标函数的优化。优化旨在寻找函数的最小值，或者至少找到某部分的最小值（即局部最小值），目标函数的导数在这里可以发挥很大作用。

3.3.4 偏微分

到目前为止，我们主要研究了只有一个变量的函数，但是也存在具有多个变量的多变量函数。下面让我们研究这个函数。

$$f(x, y) = \sin x \ \cos y \tag{3.56}$$

将其绘制成图形后，图像如图3.13所示。

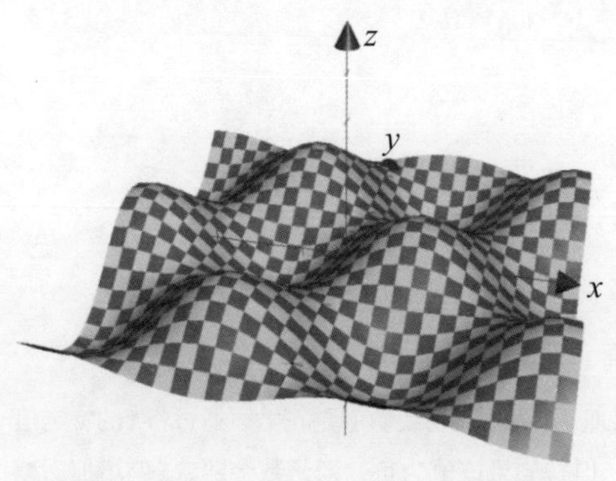

图3.13 将式（3.56）进行可视化后（z 轴为函数值）

多变量的函数也可以进行微分，这称为偏微分，偏微分可使用下面的符号表示。

$$\frac{\partial f}{\partial x} = \cos x \ \cos y \tag{3.57}$$

由于存在多个变量，因此需要指出对哪个变量进行了微分。顺带一提，在实际的计算中，我们可以把不需要的变量作为常量进行计算，如将 $\sin x$ 微分变成 $\cos x$。另外，可以直接在函数上添加下标来对其进行表示。式（3.58）就是将 $f(x,y)$ 对 y 进行偏微分后的结果。

$$f_y = -\sin x \ \sin y \tag{3.58}$$

3.4 概率与统计

概率与统计理论对汇编大量数据并减少手头数据的未来不确定性有很大帮助。

3.4.1 统计的基础

在当今的信息化时代，我们周围到处存在着数据，因此对数据进行加工，使其易于查看或计算平均值以检查数据特征已经成为不可或缺的工作。接下来，本小节将使用样本数据对统计学的基础进行介绍。

典型值

表3.2所列是从日本总务省统计局①下载的从2015年到2017年的3年中每户每年购买纳豆金额的平均值。日本所有都道府县的数据都可以从支持页面下载。

表3.2 每户每年的平均纳豆购买金额（根据脚注URL下载后加工而成）

都道府县	金额（日元）	排位（升序）
和歌山县	1795	1
冲绳县	2782	8
东京都	4009	29
神奈川县	4153	31
福岛县	6092	47

这些数据还可以被进一步处理，从而计算出各种统计数据。在报纸和网络等新闻文章中，常常会记载用来把握数据全貌的典型值。下面我们总结了一些常用的典型值。

最小值（minimum）

数据中最小的值。在这个例子中，最小值是和歌山县的1795日元。

① 出处：家庭调查（二人以上家庭）。依品类划分的都道府县厅所在市及政令指定都市（※）排名（2015—2017年平均值），下载支持页面为http://www.stat.go.jp/data/kakei/5.html

最大值（maximum）

数据中最大的值。福岛县的6092日元为最大值。

平均值（mean）

算术平均值，其中数据数量为n，每个数据用x_i表示，由式（3.59）定义。

$$平均值=\frac{1}{n}\sum_{i=1}^{n}x_i \tag{3.59}$$

在实际计算后，得到的平均值为3770.46日元。

中位数（median）

中位数是一个将数据按顺序排列并排在中间位置的值。由于日本有47个县，所以第24个县（佐贺县）的3579日元就是中位数。如果数据数量为偶数，因为没有正好位于中间的数据，所以需要对中间的两个数据取平均值。其计算公式如下。

$$中位数=\begin{cases} x_{\frac{n+1}{2}}, & n为奇数时 \\ \frac{1}{2}\left(x_{\frac{n}{2}}+x_{\frac{n+1}{2}}\right), & n为偶数时 \end{cases} \tag{3.60}$$

众数（mode）

众数，即出现最频繁的数据。例如，在五级评分制度等调查问卷中，出现次数最多的评分即为众数。

另外，还有分位数的概念，也称为百分位数或分位点。其中最常使用的是四分位数，将数据以升序排列后，在第1个1/4处出现的即称为第一四分位数（25百分位数、1/4分位数）。如果由于数据的个数导致无法取到某个单一的分位数，那么可以采取与中位数相同的处理方法计算平均值。第二四分位数同样是中位数。接下来是第三四分位数（75百分位数、3/4分位数）。在纳豆购买额的例子中，第一四分位数为2955日元，第三四分位数为4405日元。

指标偏差

如果用平均值或中间值等来表示数据，则会丢失许多信息。特别是“数据的波动幅度”这种重要的信息。

首先，让我们来看与中位数相对的指标偏差。第三四分位数与第一四分位数之间的差异称为四分位数间距（interquartile range，IQR）。在纳豆购买额的例子中，这个数字为4405–2955 = 1450，在箱形图中可以看到图像说明。

在考虑数据平均值时，方差及其平方根（也就是标准差）十分重要。现假设我们有n个数据，当其平均值为x时，方差的定义如下。

$$方差 = \frac{1}{n}\sum_{i=1}^{n}(x_i - \overline{x})^2 \tag{3.61}$$

方差是将所有数据的平均值中的偏离进行平方后，再被数据总数所除而得到的值。进行平方的目的是保留小于和大于平均值的数据偏离。由于进行了平方，方差与原始数据的单位也会发生变化。因为这样对比起来很麻烦，所以我们也会经常使用标准差，而它其实是方差的平方根。

我们手上有全部都道府县的纳豆购买额的数据，但有时会出现手中只有一部分数据，却需要推测数据背后整体（母集团）性质的情况。在这种情况下，可以引入方差的无偏估计量——方差定义式（3.61）中用n进行的除法计算，则要将其替换为n–1，这称为无偏方差或样本方差。样本方差的平方根则称为样本标准差。n–1也称为自由度（degrees of freedom）。在NumPy和pandas等工具中，意味着从n中取出了多少数据，并作为ddof（delta degrees of freedom）被指定为1。

至于为什么要减1，我们先在这里略而不谈，有兴趣的读者请翻阅其他参考文献。

频率分布表

表3.2中这种原始数据很难直接处理，因此需要将其整理为表3.3的形式，而这种表格称为频率分布表。

表3.3 纳豆购买额的频率分布表

组　距	频　数
1795.0 ~ 2654.4	7
2654.4 ~ 3513.8	14
3513.8 ~ 4373.2	13
4373.2 ~ 5232.6	8
5232.6 ~ 6092.0	5

频率分布表将数据的最大值和最小值分成相等的间隔。它们被称为组，对每个组中有多少数据进行统计的表格就是频率分布表。组的组距通常相等，且一般没有规定将最大值和最小值平均分为多少组。但是组距太小，会无法辨别数据采用何种方式分布。若肆意对组距进行划分，频率分布表则毫无意义，因此，我们要选择合适的组距。通常可以将分布图的组数设置为10，再用直方图对其进行解释。由于47

个都道府县的数据量相对较少，因此将数据整体划分为5组。

3.4.2 数据的可视化方法

原始数据可以汇总在频率分布表中，以方便查看。除此以外，利用图表表示数据会更易于理解。图表的类型多种多样，下面让我们看一看常用的可视化方法。

直方图

将频率分布表用柱状图形进行表示的方法就叫作直方图，图3.14是将表3.3图像化后生成的直方图。

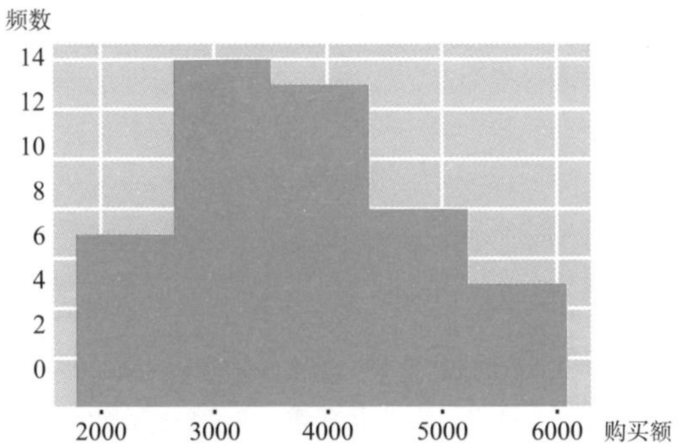

图3.14 纳豆购买额的直方图

直方图是一种非常重要的可视化方法，因为它可以让我们一目了然地了解数据的分布情况。有时数据往往会集中在特定的组当中，在这种情况下，我们很难从图中了解到整体的数据分布，因此最好将纵轴上的频率设置为对数（log）。

箱形图

箱形图（box plot）也称为盒须图，是一种非常便利的用于调查几组之间数据分布是否存在差异的方法。

图3.15是根据47个都道府县的纳豆购买额和海藻购买额所生成的箱形图。在支持页面中也可以下载到海藻的购买额数据。

箱子中的白线是中位数。箱子下方是第一四分位数，上方是第三四分位数。由此可见，箱子的高度是第三四分位数的IQR减去第一四分位数的IQR。之所以也称其为盒须图，是因为有须从盒中伸出，而绘制此图（图3.15）最简单的方法就是将盒须从最小值延伸到最大值。除此以外，还有一种是采取1.5倍IQR的思路，将IQR

低于第一四分位数或高于第三四分位数1.5倍的数据视为异常值。在这里顺便解释一下，出现海藻购买量异常的是以海藻而闻名的三陆地区的岩手县。

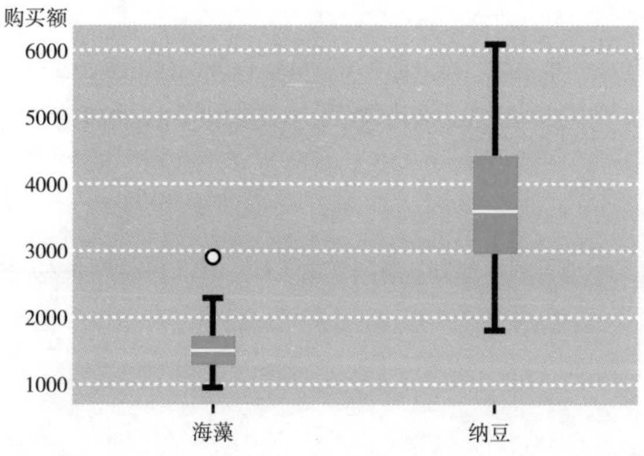

图 3.15 海藻与纳豆的购买额箱形图

散点图

如果样本的数据类型不止一种，可以通过将它们分配给x轴和y轴来绘制散点图（scatter plot）。在图3.16中，每一个点对应一个都道府县。点的坐标在水平轴上是纳豆购买额，在垂直轴上是海藻购买额。

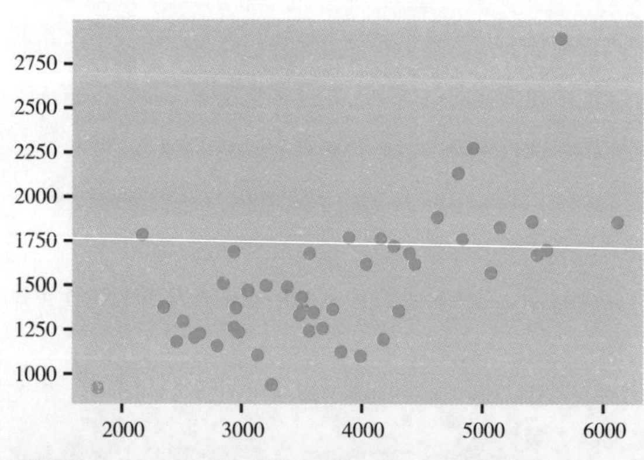

图 3.16 纳豆（横轴）与海藻（纵轴）购买额的散点图

如果有3种数据，也可以画一个三维散点图。但是，没有二维平面的散点图那么容易理解，所以我们通常从3种数据中依次任意选择两种，然后制作3个散点图（二维）。

3.4.3 数据及其关系性

从图3.16中可以看出，经常购买纳豆的家庭也会在海藻上花费很多钱。我们能否用某种指标来定量表达这种数据关系呢？其中的方法之一就是相关系数。

相关系数

如果将一种数据作为测量数据偏移的指标，那么这个指标就被称为方差。而如果在一个样本中同时存在两种数据，那么我们将这个指标称为协方差。假设存在用x_i与y_i分别表示的n个数据，再用$\bar{x}$和$\bar{y}$分别表示两者的平均值，那么用来定义它们协方差s_{xy}的公式如下。

$$s_{xy}=\frac{1}{n}\sum_{i=1}^{n}\left(x_i-\bar{x}\right)\left(y_i-\bar{y}\right) \tag{3.62}$$

顺便解释一下，在这个方差的定义式中，x_i的方差由s_x^2来表示。

$$s_x^2=\frac{1}{n}\sum_{i=1}^{n}\left(x_i-\bar{x}\right)^2 \tag{3.63}$$

协方差的计算，是将每个变量与平均值之间的差相乘后求和，并求均值。由于方差是将通过减法计算所得的差进行平方所得到的结果，因此永远为正，但协方差并非如此。通过观察散点图可以发现，在数据向右上升时值为正，向右下降时值为负。

利用协方差和方差，就可以通过下面的等式定义其相关系数r_{xy}。

$$r_{xy}=\frac{s_{xy}}{s_x s_y} \tag{3.64}$$

相关系数是协方差除以两个变量的标准偏差（方差的平方根）得到的值。它的重要之处在于，这个值始终在-1和1之间变化。

$$-1\leqslant r_{xy}\leqslant 1 \tag{3.65}$$

如果x增大后y也趋向于增大，那么相关系数为正数（这种趋势较强，那么它的值会接近于1）。相反，如果x增大后y倾向于减小，则相关系数为负数。图3.16中纳豆和海藻的相关系数为0.66。

其他相关系数

上述的相关系数r_{xy}，也称为皮尔逊积矩相关系数。还有一些其他的相关系数存在，其中比较著名的有斯皮尔曼等级相关系数。由于等级相关系数仅通过数据的顺序即可进行计算，因此即使没有购买额的数值也可以得到结果。具体的计算公式定义如下。

$$\rho_{xy} = 1 - \frac{6\sum d_i^2}{n\left(n^2 - 1\right)} \tag{3.66}$$

我们通常会用希腊字母ρ来表示斯皮尔曼等级相关系数，而式（3.66）中的n代表数据的个数，d_i表示在数据样本i中两个数据的排名差异。例如，在香川县，纳豆价格较低，排在第3位，而海藻则是排在第21位，因此两者排名差值为18。将其求平方，然后全部加起来。如果两个数据的所有排名相同，则定义公式的第二项为0，因此相关系数为1。以纳豆和海藻为例，这个值为0.62。

3.4.4 概率

我们虽然不知道明天的天气，但是可以根据各地气象站和卫星发送的数据，计算出晴天的概率和雨天的概率。本节将从概率的基础开始，解释概率分布这种处理数学概率的机制。

概率的基础知识

让我们来看一个六面体的骰子。假设我们正在掷这个骰子，掷出3点的概率是多少呢？这种行为，其实就是在对未来事件结果进行预测。首先，我们要知道骰子拥有从1点到6点的6个面，而掷骰子可能出现的结果只有这6种。

这些结果称为全事件。在计算概率时，我们必须意识到全事件是什么。在进行数学计算时，可以将其写成如下等式。

$$U = \{1, 2, 3, 4, 5, 6\} \tag{3.67}$$

这个等式意味着存在一个具有从1到6共6个元素的集合。这与在Python中创建集合时的文字表现方法相同，也很好理解。

概率的英文为probability，因此我们取这个单词的首字母P来代表概率。接下来，如果我们预测在掷骰子的这个行为过程中“掷出1~6中的任意一点”的概率，必定会产生与命题同样的结果，因此这个事件的概率为1，而它的等式如下。

$$P(U) = 1 \tag{3.68}$$

像这样，计算全事件的概率所得到的结果是1。另外，掷出3点的事件属于个别事件，我们将这个事件称为A。在没有人对骰子动手脚的情况下，这个事件的概率计算式如下。

$$P(A) = \frac{1}{6} \tag{3.69}$$

那么我们掷骰子出现偶数点的概率又是多少呢？我们将出现偶数点的事件归类为B后可以得出如下等式。

$$B = \{2,4,6\} \tag{3.70}$$

而它的概率计算如下。

$$P(B) = \frac{3}{6} = \frac{1}{2} \tag{3.71}$$

条件概率

如果让我们猜被扣在碗中的骰子摇完后会出现几点，那么猜中的概率只有 $\frac{1}{6}$。但是如果有人告诉我们“出现的是偶数”，那么仅需要猜其中的偶数点，这时猜中的概率就会上升到 $\frac{1}{3}$。这就是我们所说的条件概率。在事件 A 发生的条件下，事件 B 发生的概率可以定义为如下等式。

$$P_A(B) = \frac{P(A \cap B)}{P(A)} \tag{3.72}$$

$A \cap B$ 是表示事件 A 和事件 B 为共通事件的符号。假设当 $A = \{2,4,6\}$ 时，可以摇出偶数点，那么再来思考一下 $B = \{2\}$ 的出现概率。

$$P_A(B) = \frac{P(A \cap B)}{P(A)} = \frac{\frac{1}{6}}{\frac{1}{2}} = \frac{1}{3} \tag{3.73}$$

由于 $P(A \cap B)$ 表示同时出现偶数点且出现2的概率，因此它的概率与出现2的概率相同。

这种带有条件的概率计算，可以用来表现在获得某种信息后，对未来事件发生概率进行预测时所发生的变化。这种方法是贝叶斯定理的基础，也是支撑着当代数据解析的支柱方法之一。

3.4.5 概率分布

如果仅考虑概率，那么只要知道全事件并计算出所需事件在其中占据多少份额即可。但是数学领域更喜欢把事件进行抽象化并加以讨论，这样一来，概率的研究便得到了更深入的发展，进而出现了随机变量和概率分布等的概念。如果感觉到接下来的内容逐渐变得难以理解，那么希望大家回到原点，记住我们在探讨的仍然是基本的概率。

随机变量与概率分布

下面让我们再次用骰子举例进行思考。由于掷出来的点数属于1~6之间的任意一个数字，那么把点数当作一个变量。通常，用X表示随机变量，那么如果用$P(X)$表示概率，结果见表3.4。

表3.4 骰子点数的随机变量与概率分布

X	1	2	3	4	5	6	合计
$P(X)$	$\frac{1}{6}$	$\frac{1}{6}$	$\frac{1}{6}$	$\frac{1}{6}$	$\frac{1}{6}$	$\frac{1}{6}$	1

表3.4中的分布称为概率分布，而随机变量X遵循此概率分布。此时，3点出现的概率表达式如下。

$$P(X=3)=\frac{1}{6} \tag{3.74}$$

由于X表示整个随机变量，因此我们应该用x_3来表示个别事件。

期望值

如果有一款游戏规定掷出骰子后可获得点数$\times$1000日元的奖金，那么我们平均可以获得多少奖金呢？如果只掷一次，那么有可能仅能得到1000日元，也有可能令人惊喜地得到6000日元，而不断重复投掷，我们才能了解到可获得奖金的大概金额。

在了解了随机变量X的分布后，就可以通过计算期望值查看该游戏中每场比赛将获得多少收益。期望值的英文是expected value，我们采用其首字母来表示X的期望值，可以将其写作$E(X)$，期望值的定义式如下。

$$E(X)=x_1p_1+x_2p_2+\cdots+x_np_n=\sum_{i=1}^{n}x_ip_i \tag{3.75}$$

这个等式将随机变量与概率相乘并将所有的积相加。在掷骰子时，这个期望值为3.5，而在多次重复上文中所提到的游戏后，发现每次可以得到约3500日元，这个结果与掷骰子的期望值相符合。

请回想一下，我们在求数据的平均值时，要将所有的数据相加，再除以全部样本数。如果每个数据都是随机变量，那么每个数据出现的概率将变成$\frac{1}{n}$。这其实就是将随机变量与概率相乘后再将结果求和后的结果。也就是说，计算数据的平均值与计算随机变量期望值的方法其实一模一样。

方差

我们同样可以计算随机变量的方差。方差的英文是variance，所以随机变量X的方差就写作$V(X)$。而标准差则是方差的平方根，通常习惯用小写的希腊字母西格

玛 (σ) 来表示这个值。

下面是计算每个值的定义式，它们的计算方法与计算数据偏移的方法基本相同。

$$V(X)=E((X-E(X))^2) \tag{3.76}$$

$$\sigma(X)=\sqrt{V(X)} \tag{3.77}$$

3.4.6 概率与函数

在我们了解过随机变量后，就可以通过函数理解变量与概率间的对应关系。它们之间的关系其实就是一个将随机变量作为参数并返回数值的函数。

在骰子的例子中，由于随机变量所取的值是1~6中的正整数，因此这个随机变量是离散的（离散值）。而实际上，还存在连续的随机变量。由于存在离散性和连续性两种不同随机变量，因此其对应函数的称谓也有所不同。离散性随机变量所对应的函数称为概率质量函数，而连续性随机变量对应的则为概率密度函数。

我们当然也可以自己创造函数，让随机变量与函数值进行对应，但是在数学的发展历程中，已经发现了数种重要的函数，它们也得到了广泛的应用。本小节将针对离散性变量与连续性变量各介绍一种函数。

离散型均匀分布

接下来所讲解的是将骰子的例子进行整理后的概率分布。首先，对其进行简化，让随机变量X取整数值。骰子的例子中随机变量为1~6，我们将这个值的范围扩大到 $a\sim b$，那么取值数量 n 就应该是 $n=b-a+1$。用来计算概率的概率质量函数则应该进行如下定义。

$$f(x)=\begin{cases}\dfrac{1}{n}, & a\leqslant x\leqslant b\\ 0, & \text{其他}\end{cases} \tag{3.78}$$

而期望值的计算方法为

$$\frac{a+b}{2} \tag{3.79}$$

现在，a和b是用于确定分布的参数。如果将两个数字赋予一般的离散均匀分布，即可得到一个具体的分布。例如，在掷骰子时，$a=1$，$b=6$。由于$n=b-a+1=6-1+1=6$，并且期望值为3.5，因此我们可以清楚骰子的分布已经建立成功。

正态分布

通过函数，我们也可以处理连续变化的随机变量，而将这种随机变量作为参数并返回值的函数称为**概率密度函数**。在一个概率密度函数确定后，变量的分布也会被确定。概率分布的形式虽然多种多样，但有一种分布最为重要，即正态分布。由以下等式对实数x进行定义的分布称为标准正态分布。

$$f(x)=\frac{1}{\sqrt{2\pi}}\mathrm{e}^{-\frac{x^2}{2}} \tag{3.80}$$

等式本身理解起来略显复杂，但更重要的是理解该函数的图像，其形状如图3.17所示。

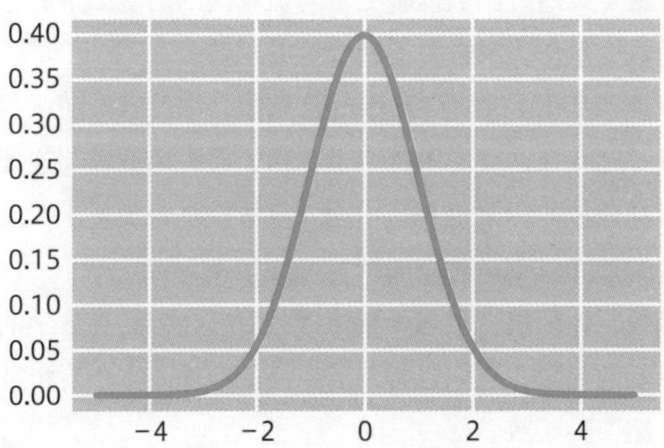

图3.17 标准正态分布的概率密度函数曲线

该函数在x=0处达到最大值，并具有对称的钟形。在$-\infty\leqslant x\leqslant+\infty$时函数产生变化，且函数的值在离开0后会迅速减小。

正态分布也可以由活跃于19世纪的伟大数学家卡尔·高斯的名字命名，所以有时也称为高斯分布。高斯在对观测天体运动时混入的误差进行的相关研究中，发现了误差可以用正态分布来表现。其表达式可简短表示为如下等式。

$$\text{观测所得的值}=\text{真值}+\text{正态分布所表现的误差} \tag{3.81}$$

如果可以用正态分布来表示误差，那么在数学上就可以处理看起来宛如天书一般的数据。在使用机器学习算法的数据分析过程中，这种概率统计理论随处可见。

概率密度函数使用连续变化的概率变量。例如，输入x =0后函数所得到的数字为0.3989…，但这个值并不是x =0的概率。这与离散随机变量有很大的不同。大家或许会有疑问，为什么这不是x =0的概率呢？我们认为，在概率变量连续变化的情况下，x不会恰好为0。那么，我们应该如何利用概率密度函数呢？

概率密度函数的积分可以给出一个区间的概率。例如，x在$a\leqslant x\leqslant b$范围内的概率可以通过以下积分公式来计算。

$$P(a\leqslant x\leqslant b)=\int_a^b f(x)\mathrm{d}x \tag{3.82}$$

再比如，我们可以使用以下公式计算符合标准正态分布的随机变量值大于或等于1的概率。

$$P(1 \leqslant x \leqslant \infty) = \int_1^{\infty} \frac{1}{\sqrt{2\pi}} \mathrm{e}^{-\frac{x^2}{2}} \mathrm{d}x = 0.15865\cdots \tag{3.83}$$

计算后可知概率大约为0.16。这种复杂的计算应该交由计算机进行。而在Python中，则可以利用SciPy马上完成同样的计算。

单变量函数的积分即是对面积的计算。利用图像观察，如图3.18所示，该概率相当于颜色变深区域的面积。

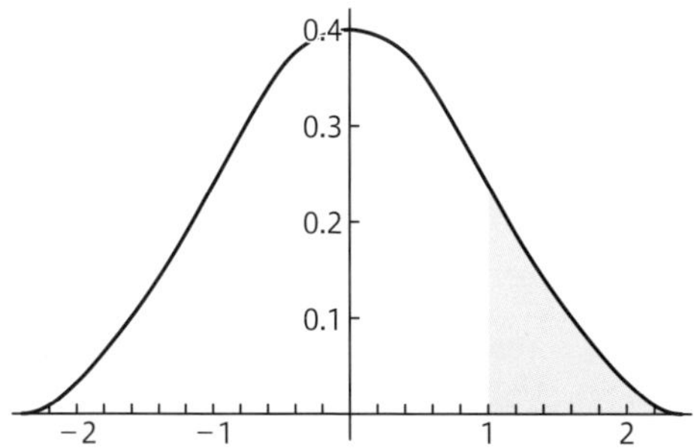

图3.18 对标准正态分布的密度函数进行积分得到概率

到目前为止，我们所接触到的平均值为0、方差为1的正态分布称为标准正态分布。一般的正态分布公式写法如下，其中平均值为n，方差为σ^2。

$$f(x) = \frac{1}{\sqrt{2\pi\sigma^2}} \exp\left(-\frac{(x-\mu)^2}{2\sigma^2}\right) \tag{3.84}$$

exp代表指数函数。由于底数肩上的数学式太复杂，会导致字符太小难以阅读，因此在这里采用这样的写法。

CHAPTER 4

利用标准库进行实践分析

本章将介绍如何使用标准库进行数据分析。所使用的库包括NumPy、pandas、Matplotlib和scikit-learn。在本章的讲解中，我们将选取并介绍常用的功能，各个库的全面性讲解则交给其他正式文档。此外，本章会结合数据分析的实践，从基础知识开始，以通俗易懂的学习方式进行介绍。跟随本章以掌握这4个标准库的使用方法为目标开始学习吧。

4.1 NumPy

NumPy是专门用于科学计算的第三方软件包。相比标准的Python列表格式，NumPy能更有效地处理多维数组中的数据。NumPy是Python进行科学计算的基础。

4.1.1 NumPy概述

NumPy是Python的第三方软件包，它可以有效地处理数组和矩阵。

NumPy拥有ndarray类型的数组和matrix类型的矩阵。由于Python中需要统一数组和矩阵元素的数据类型，而通过源于NumPy的专用数据类型，如int16或float32，可以对数据类型进行指定。NumPy还提供了专有的运算函数和方法，以便快速计算数组和矩阵。第4.1.2小节将介绍主要用于数据分析的ndarray。

4.1.2 用NumPy处理数据

接下来，我们将用Jupyter Notebook执行代码。要使用NumPy，请导入下面的命令。

In

```
import numpy as np
```

使用as关键字输入as np，即可通过np调用NumPy。

一维数组

首先，让我们来处理一维数组。

In

```
a = np.array([1, 2, 3])
```

通过将Python列表传递给array函数创建ndarray对象。变量a包含一个三元数组，检查a。

In

```
a
```

Out

```
array([1, 2, 3])
```

可以看到，数组array中的输出结果。

使用print函数输出a。

In

```
print(a)
```

Out

```
[1 2 3]
```

可以看到，使用print函数，则不使用数组表示法，而是以空格分隔输出。

现在，我们将使用type函数检查a的对象。

In

```
type(a)
```

Out

```
numpy.ndarray
```

可以看到，经过验证，a是NumPy数组ndarray的对象。然后输入以下语句。

In

```
a.shape
```

Out

```
(3,)
```

可以看到，已确认一维数组a中有3个元素。

二维数组

接下来，我们将处理二维数组。

In

```
b = np.array([[1, 2, 3], [4, 5, 6]])
```

像一维数组一样使用数组函数。在这里，我们使用嵌套Python列表的双列表创建一个二维ndarray对象，并将其放在变量b中。

In

```
b
```

Out

```
array([[1,  2,  3],
       [4,  5,  6]])
```

In

```
b.shape
```

Out

```
(2, 3)
```

从输出中可以看出b是2×3矩阵。 我们创建了一个二维的NumPy数组。

变形(reshape)

下面将执行维度转换。

首先，创建一个含6个元素的一维数组，并将其分配给变量c1。

In

```
c1 = np.array([0, 1, 2, 3, 4, 5])
c1
```

Out

```
array([0, 1, 2, 3, 4, 5])
```

此时，c1包含NumPy的一维数组。现在使用reshape方法将其转换为2×3矩阵数组。

In

```
c2 = c1.reshape((2, 3))
c2
```

Out

```
array([[0, 1, 2],
       [3, 4, 5]])
```

从输出中可以看到，第1行包含3个元素，第2行包含其余3个元素。在reshape方法中，元素的数量很重要。例如，如果元素数与c1.reshape((3，4))不匹配，则引发错误（ValueError）。

接下来，我们将使用ravel方法将c2还原成一维数组。

In

```
c3 = c2.ravel()
c3
```

Out

```
array([0, 1, 2, 3, 4, 5])
```

可以看到，使用ravel方法将二维数组转换为了一维数组。同样地，还可以尝试使用flatten方法。

In

```
c4 = c2.flatten()  # copy 返回
c4
```

Out

```
array([0, 1, 2, 3, 4, 5])
```

ravel和flatten方法之间的区别在于如何返回结果。ravel返回引用，而flatten返回副本。有关引用和副本之间的区别，请参阅后面的“深拷贝”一节。

数据类型(dtype)

使用dtype属性检查NumPy数组元素的数据类型。NumPy数组的元素被统一为唯一的数据类型，该类型源自NumPy。首先检查一维数组a中元素的数据类型。

In

```
a.dtype
```

Out

```
dtype('int64')
```

NumPy数组a是使用[1, 2, 3]和Python int类型数据创建的。由于在创建时没有声明类型，因此自动分配了np.int64。

接下来，将类型声明为np.int16创建一个NumPy数组。

In

```
d = np.array([1, 2], dtype=np.int16)
d
```

Out

```
array([1, 2], dtype=int16)
```

再次使用dtype属性检查数据类型。

In

```
d.dtype
```

Out

```
dtype('int16')
```

可以看到，d的数据类型为np.int16。

NumPy数组可以处理浮点值和非整数值。下面就来了解如何使用astype方法将np.int16中的整数转换为浮点数（np.float16）。

In

```
d.astype(np.float16)
```

Out

```
array([ 1.,  2.], dtype=float16)
```

检查输出时，可以看到整数已转换为np.float16形式。

索引和切片

索引和切片是一种从数组中获取部分数据的简单易理解的方法。NumPy数组允许使用索引和切片检索元素，就像使用Python标准列表一样。请回顾在前面创建的一维数组a。

In

```
a
```

Out

```
array([1, 2, 3])
```

与Python标准列表类似，如果给出索引值0，则可以获取第1个数据。

In

```
a[0]
```

Out

```
1
```

与Python标准列表一样，可以使用[1:]和切片指定范围。

In

```
a[1:]
```

Out

```
array([2, 3])
```

与Python标准列表一样，可以使用负索引。

In

```
a[-1]
```

Out

```
3
```

接下来，让我们检查二维数组。查看前面创建的二维数组b。

In

```
b
```

Out

```
array([[1, 2, 3],
       [4, 5, 6]])
```

对于NumPy的二维数组，如果传递一个值，则可以获取行方向数组。

In

```
b[0]
```

Out

```
array([1, 2, 3])
```

在此，0表示第1行是一维数组。

通过以逗号分隔的两个值，可以获得由行索引值和列索引值指示的值。下面的示例给出了[1，0]，因此可以在第2行中获得第1列的值，即4。

In

```
b[1, 0]
```

Out

```
4
```

可以按切片范围指定行或列。

In

```
b[:, 2]
```

Out

```
array([3, 6])
```

在这种情况下，给出[: ，2]，这意味着行方向是全部，列方向是第3列（也就是最后一列）。如果输入以下形式，会得到所有列。

In

```
b[1, :]
```

Out

```
array([4, 5, 6])
```

还可以为行或列单独指定范围。

In

```
b[0, 1:]
```

Out

```
array([2, 3])
```

即使跳过索引值，也可以检索行或列。在这种情况下，请在列表中传递索引值。下面的示例给出了[:，[0，2]]，因此指定的所有行都必须具有两列索引值0和2。

In

```
b[:, [0, 2]]
```

Out

```
array([[1, 3],
       [4, 6]])
```

数据重新赋值

在这里，我们将检查对数组内部数据的修改。首先，查看前面使用的一维数组a。

In

```
a
```

Out

```
array([1, 2, 3])
```

下面的示例将索引值为2的值3替换为4。

In

```
a[2] = 4
a
```

Out

```
array([1, 2, 4])
```

可以从执行结果中看到已被替换。

检查上一部分中使用的二维数组b的数据。

In

```
b
```

Out

```
array([[1, 2, 3],
       [4, 5, 6]])
```

对于二维数组，请指定行和列索引值以更改数据内容。

In

```
b[1, 2] = 7
b
```

Out

```
array([[1, 2, 3],
       [4, 5, 7]])
```

我们注意到第2行中的最后一个值已经由6变为了7。

然后更改所有行的同一列中的值。由于设置为[:, 2]，第3列中的值将发生变化。

In

```
b[:, 2] = 8
b
```

Out

```
array([[1, 2, 8],
       [4, 5, 8]])
```

已确认第3列全部变为8。

深拷贝(copy)

在这里，我们将检查数组的副本。

首先，将前面使用的名为a的数组赋予a1。

In

```
a1 = a
a1
```

Out

```
array([1, 2, 4])
```

当然，a和a1是相同的数组。 现在，让我们更改数组a1中的数据。

In

```
a1[1] = 5
a1
```

Out

```
array([1, 5, 4])
```

可以看到数组a1中的数据已更改。在这里，我们查看数组a中的数据。

In

```
a
```

Out

```
array([1, 5, 4])
```

a与a1的序列相同。没有直接重写a，但是a1=a操作会生成a1作为引用a的对象。因此，如果更改a1，则引用a也会更改。

然后尝试使用copy方法复制数据。

In

```
a2 = a.copy()
a2
```

Out

```
array([1, 5, 4])
```

a和a2中包含相同的元素。现在，让我们更改a2中的数据。

In

```
a2[0] = 6
a2
```

Out

```
array([6, 5, 4])
```

数组a2已更改。此时，让我们查看原来的数组a。

In

```
a
```

Out

```
array([1, 5, 4])
```

这次，a还是原来的样子。

下面让我们看一看已经在“变形（reshape）”一节中介绍的ravel方法和flatten方法的区别。

查看c2中的数据。

In

```
c2
```

Out

```
array([[0, 1, 2],
       [3, 4, 5]])
```

将执行ravel方法的结果赋予c3，将执行flatten方法的结果赋予c4，然后重写c3和c4中的每一个元素。

In

```
c3 = c2.ravel()
c4 = c2.flatten()
c3[0] = 6
c4[1] = 7
```

c3的结果现在如下所示。

In

```
c3
```

Out

```
array([6, 1, 2, 3, 4, 5])
```

c4的结果现在如下所示。

In

```
c4
```

Out

```
array([0, 7, 2, 3, 4, 5])
```

如果查看c2就会发现，它受c3重写的影响，但不受c4重写的影响。

In

```
c2
```

Out

```
array([[6, 1, 2],
       [3, 4, 5]])
```

可以看出，ravel方法是一种“引用”，flatten方法是一种“副本”。

注意，Python标准列表传递切片结果的副本，而NumPy则传递切片结果的引用。

以下是Python列表的情况。

In

```
py_list1 = [0, 1]
py_list2 = py_list1[:]
py_list2[0] = 2
print(py_list1)
print(py_list2)
```

Out

```
[0, 1]
[2, 1]
```

以下是NumPy ndarray的情况。

In

```
np_array1 = np.array([0, 1])
np_array2 = np_array1[:]
np_array2[0] = 2
print(np_array1)
print(np_array2)
```

Out

```
[2 1]
[2 1]
```

“副本”一词也包括广义上的引用传递。为明确区分引用和副本，将引用的情况称为“浅副本”（shallow copy）；反之，称为“深副本”（deep copy）。

返回数列(arange)

NumPy中也有一个函数，它可以像Python中的range函数一样创建数列。arange函数生成NumPy数组（ndarray）。

In

```
np.arange(10)
```

Out

```
array([0, 1, 2, 3, 4, 5, 6, 7, 8, 9])
```

由于传递了一个整数（10）作为参数，因此输出的数组中有10个整数（0~9）。

以下两个整数参数的作用类似于标准Python range函数中的参数。

In

```
np.arange(1, 11)
```

Out

```
array([ 1,  2,  3,  4,  5,  6,  7,  8,  9, 10])
```

输出的数组以第1个参数作为起始值，直到第2个参数之前的一个数字为止。

同样地，以下传递3个参数的行为也类似于Python中的range函数，并且输出的对象是ndarray。

In

```
np.arange(1, 11, 2)
```

Out

```
array([1, 3, 5, 7, 9])
```

随机数

Python标准random模块提供了伪随机数生成机制，但NumPy也提供了一个快速运行的、强大的随机数生成函数。下面我们来介绍该函数的特点。

np.random.random 函数通过行和列的元组，生成 0~1 随机数的二维数组。每次执行时，生成的数字都会改变。

In

```
f = np.random.random((3, 2))
f
```

Out

```
array([[ 0.81443564,  0.71894488],
       [ 0.13377108,  0.94379981],
       [ 0.20447256,  0.6701666 ]])
```

这对于创建具有 0 和 1 之间随机元素的矩阵非常有用。

使用随机数每次会生成不同的数据。我们可能希望测试代码的结果相同，那么可以通过固定随机数的种子值来固定结果。本书中介绍的演示代码每次都必须输出相同的结果，以便读者在执行代码时更容易检查代码是否有错误。当然，本书也会提供有固定种子值的代码。对于用于实际工作的随机数，通常建议不要固定种子值。

In

```
np.random.seed(123)
np.random.random((3, 2))
```

Out

```
array([[0.69646919, 0.28613933],
       [0.22685145, 0.55131477],
       [0.71946897, 0.42310646]])
```

在这里，我们指定了 123 作为种子值。本书后续也采用 123 作为种子值。

np.random.rand 函数生成 0~1 范围的随机数组，类似于 np.random.random。random 函数传递了行和列的元组，但 rand 函数用两个参数传递形状。

In

```
np.random.seed(123)
np.random.rand(4, 2)
```

Out

```
array([[0.69646919, 0.28613933],
       [0.22685145, 0.55131477],
       [0.71946897, 0.42310646],
       [0.9807642 , 0.68482974]])
```

接下来，让我们看看np.random.randint函数，它生成一个指定范围内的任意整数。

In

```
np.random.seed(123)
np.random.randint(1, 10)
```

Out

```
3
```

输出一个1~10之间的整数。这里的输出是3。

np.random.randint函数在行和列的二维数组中生成大于或等于第1个参数且小于第2个参数的随机整数值，作为第3个参数以元组形式传递。

In

```
np.random.seed(123)
np.random.randint(1, 10, (3, 3))
```

Out

```
array([[3, 3, 7],
       [2, 4, 7],
       [2, 1, 2]])
```

np.random.uniform函数在行和列的二维数组中生成大于或等于第1个参数且小于第2个参数的随机小数值作为第3个参数的元组。第1个参数和第2个参数是可选的，如果省略，则默认情况下第1个参数为0.0，第2个参数为1.0。与np.random.randint不同的是，返回的ndarray元素（在外观上看）是一个小数。

In

```
np.random.seed(123)
np.random.uniform(0.0, 5.0, size=(2, 3))
```

Out

```
array([[3.48234593, 1.43069667, 1.13425727],
       [2.75657385, 3.59734485, 2.1155323 ]])
```

在此，我们创建了一个2×3的二维数组，该数组元素大于0.0且小于5.0。

In

```
np.random.seed(123)
np.random.uniform(size=(4, 3))
```

Out

```
array([[0.69646919, 0.28613933, 0.22685145],
       [0.55131477, 0.71946897, 0.42310646],
       [0.9807642 , 0.68482974, 0.4809319 ],
       [0.39211752, 0.34317802, 0.72904971]])
```

在这里，因为没有指定数值的范围，所以生成了默认值为0~1的4×3的二维数组。

以上介绍的随机数的输出被称为均匀随机数。就像从范围内随机拾取的图像数据。相反，有一种方法根据正态分布输出随机数。在此，我们将了解如何使用np.random.randn函数从标准正态分布中输出随机数作为采样。

np.random.randn函数将形状传递给参数，类似于np.random.rand函数。根据标准正态分布，输出的随机数以平均值为0、方差为1的分布输出。

In

```
np.random.seed(123)
np.random.randn(4, 2)
```

Out

```
array([[-1.0856306 ,  0.99734545],
       [ 0.2829785 , -1.50629471],
```

```
       [-0.57860025,  1.65143654],
       [-2.42667924, -0.42891263]])
```

np.random.normal函数允许以平均值、标准差和size（形状）为参数获取正态分布随机数。

构成相同元素的数列

如果将参数作为整数传递给zeros函数，则该函数将得到一个数组，其中包含参数中指定元素数量的0.0。

In

```
np.zeros(3)
```

Out

```
array([ 0.,  0.,  0.])
```

然后传递一个双元组，以获得具有指定数量的二维数组。

In

```
np.zeros((2, 3))
```

Out

```
array([[ 0.,  0.,  0.],
       [ 0.,  0.,  0.]])
```

将整数参数传递给ones函数，以获得参数中包含指定元素1.0的数组。

In

```
np.ones(2)
```

Out

```
array([ 1.,  1.])
```

在创建二维数组时，可以通过传递元组来创建，就像np.zeros一样。

In

```
np.ones((3, 4))
```

Out

```
array([[ 1.,  1.,  1.,  1.],
       [ 1.,  1.,  1.,  1.],
       [ 1.,  1.,  1.,  1.]])
```


单位矩阵

现在尝试创建单位矩阵。

可以使用eye函数创建具有指定对角元素的单位矩阵。

In

```
np.eye(3)
```

Out

```
array([[ 1.,  0.,  0.],
       [ 0.,  1.,  0.],
       [ 0.,  0.,  1.]])
```

填充指定值的数组

创建具有指定值的数组。在本例中，使用full函数将数字3.14放入包含3个元素的数组中。

In

```
np.full(3, 3.14)
```

Out

```
array([ 3.14, 3.14, 3.14])
```

然后指定行和列。在这里，我们使用np.pi表示圆周率 π 在NumPy中的常数值。

In

```
np.full((2, 4), np.pi)
```

Out

```
array([[ 3.14159265,  3.14159265,  3.14159265,  3.14159265],
       [ 3.14159265,  3.14159265,  3.14159265,  3.14159265]])
```

在这里，我们还将介绍一种特殊的数值——np.nan，用于填充NumPy中的缺失值。nan是Not a Number的缩写。它定义为非数字，被归类为float数据类型。因为NumPy ndarrays只能存储相同的数据类型，所以它将无法使用Python的None或空字符串进行计算。为了执行进一步的计算，np.nan被定义为特殊常数。

In

```
np.nan
```

Out

```
nan
```

使用方法如下。

In

```
np.array([1, 2, np.nan])
```

Out

```
array([ 1.,  2.,  nan])
```

● 按区域定义等分数据

使用linspace函数创建一个由5个元素组成的数组，每个元素在0~1之间等间距隔开。

In

```
np.linspace(0, 1, 5)
```

Out

```
array([ 0.  ,  0.25,  0.5 ,  0.75,  1.  ])
```

这与使用arange函数的np.arange（0.0，1.1，0.25）返回结果相同。在下面所示的情况下很有用，以下语句将生成0 ~ π 的20个分区数据。

In

```
np.linspace(0, np.pi, 21)
```

Out

```
array([0.        , 0.15707963, 0.31415927, 0.4712389 , 0.62831853,
       0.78539816, 0.9424778 , 1.09955743, 1.25663706, 1.41371669,
       1.57079633, 1.72787596, 1.88495559, 2.04203522, 2.19911486,
       2.35619449, 2.51327412, 2.67035376, 2.82743339, 2.98451302,
       3.14159265])
```

以上生成的数组用于绘制sin函数的曲线。

元素之间的差异

用np.diff函数可返回元素之间的差值。

创建一个由5个元素组成的数组，并将其传递给np.diff函数以检查行为。

In

```
l = np.array([2, 2, 6, 1, 3])
np.diff(l)
```

Out

```
array([ 0,  4, -5,  2])
```

输出元素之间（前后）的差值。

连接

查看前面创建的NumPy数组a和a1。

In

```
print(a)
print(a1)
```

Out

```
[1  5  4]
[1  5  4]
```

使用concatenate函数执行连接。

In

```
np.concatenate([a, a1])
```

Out

```
array([1, 5, 4, 1, 5, 4])
```

现在，我们来看一下二维数组。首先查看前面创建的二维数组b。

In

```
b
```

Out

```
array([[1, 2, 8],
       [4, 5, 8]])
```

生成二维数组b1，如下所示。

In

```
b1 = np.array([[10], [20]])
b1
```

Out

```
array([[10],
       [20]])
```

使用concatenate函数连接，就像连接一维数组一样。此处指定axis=1以增加列(列方向)。

In

```
np.concatenate([b, b1], axis=1)
```

Out

```
array([[ 1,  2,  8, 10],
       [ 4,  5,  8, 20]])
```

还可以使用hstack函数获得类似的效果。

In

```
np.hstack([b, b1])
```

Out

```
array([[ 1,  2,  8, 10],
       [ 4,  5,  8, 20]])
```

创建新的一维数组b2。

In

```
b2 = np.array([30, 60, 45])
b2
```

Out

```
array([30, 60, 45])
```

在本例中，使用vstack函数以增加行数的方式连接。

In

```
b3 = np.vstack([b, b2])
b3
```

Out

```
array([[ 1,  2,  8],
       [ 4,  5,  8],
       [30, 60, 45]])
```

分割

我们来看看如何分割二维数组。

使用hsplit函数，在列的中间分割并创建两个二维数组。在这里，我们在第2个参数中指定[2]，所以第1个数组是两列，另一个数组变成剩下的一列。

In

```
first, second = np.hsplit(b3, [2])
```

查看每个数组。

In

```
first
```

Out

```
array([[ 1,  2],
       [ 4,  5],
       [30, 60]])
```

In

```
second
```

Out

```
array([[ 8],
       [ 8],
       [45]])
```

可以看到二维数组b3被分成两个数组。接下来，使用vsplit函数按行进行拆分。

In

```
first1, second1 = np.vsplit(b3, [2])
```

查看每个数组。

In

```
first1
```

Out

```
array([[1, 2, 8],
```

```
       [4, 5, 8]])
```

In

```
second1
```

Out

```
array([[30, 60, 45]])
```

转置

将二维数组中的行与列交换称为转置。现在请查看前面创建的二维数组b。

In

```
b
```

Out

```
array([[1, 2, 8],
       [4, 5, 8]])
```

b为2×3矩阵。要转置，请使用T。

In

```
b.T
```

Out

```
array([[1, 4],
       [2, 5],
       [8, 8]])
```

从输出结果来看，转置后的矩阵为3×2矩阵。

增加维数

确定如何增加维数。首先，查看前面创建的一维数组a。

In

```
a
```

Out

```
array([1, 5, 4])
```

将a排列成一个二维数组。将np.newaxis指定为要指定行方向的切片，并增加一个维数。

In

```
a[np.newaxis, :]
```

Out

```
array([[1, 5, 4]])
```

然后为切片指定np.newaxis以指定列方向，以便添加行。

In

```
a[:, np.newaxis]
```

Out

```
array([[1],
       [5],
       [4]])
```

在这里，我们描述了如何使用np.newaxis增加维数。此外，也可以使用reshape进行类似的维数增加。使用reshape增加维数时，需要指定元素的数量，但是使用np.newaxis的方法更加便利，它不需要指定元素的数量。

生成网格数据

meshgrid函数用于绘制对应于二维点的等高线、热图等。根据x和y坐标数组，生成可以组合的所有点的坐标数据。在这里，我们将创建两个一维数组并检查函数。

In

```
m = np.arange(0, 4)
m
```

Out

```
array([0, 1, 2, 3])
```

In

```
n = np.arange(4, 7)
n
```

Out

```
array([4, 5, 6])
```

在行和列方向上生成m和n的方格数据（网格）。

In

```
xx, yy = np.meshgrid(m, n)
xx
```

Out

```
array([[0, 1, 2, 3],
       [0, 1, 2, 3],
       [0, 1, 2, 3]])
```

In

```
yy
```

Out

```
array([[4, 4, 4, 4],
       [5, 5, 5, 5],
       [6, 6, 6, 6]])
```

以上函数中，第1个参数m按行方向复制到第1个返回值xx，其长度与第2个参数n数组的长度相同。第2个参数n被复制到第2个返回值yy，其长度与第1个参数m数组的长度相同。

4.1.3 NumPy的各种功能

本小节介绍NumPy的功能。在此之前，请准备所需的数组。首先，导入NumPy，使其可用于np。我们还将创建5个数组，供之后使用。

In

```
import numpy as np
a = np.arange(3)
b = np.arange(-3, 3).reshape((2, 3))
c = np.arange(1, 7).reshape((2, 3))
d = np.arange(6).reshape((3, 2))
e = np.linspace(-1, 1, 10)
print("a:", a)
print("b:", b)
print("c:", c)
print("d:", d)
print("e:", e)
```

Out

```
a: [0 1 2]
b: [[-3 -2 -1]
  [ 0  1  2]]
c: [[1 2 3]
  [4 5 6]]
d: [[0 1]
  [2 3]
  [4 5]]
e: [-1.         -0.77777778  -0.55555556  -0.33333333  -0.11111111  0.11111111
  0.33333333  0.55555556  0.77777778  1.         ]
```

In

```
print("a:", a.shape)
print("b:", b.shape)
print("c:", c.shape)
print("d:", d.shape)
print("e:", e.shape)
```

Out

```
a: (3,)
b: (2, 3)
c: (2, 3)
d: (3, 2)
e: (10,)
```

通用函数

通用函数（universal function）是NumPy的强大工具之一，它可以批量转换数组元素中的数据。在这里，我们将介绍如何使用这类函数返回数组元素的绝对值，要输出的是二维数组b中元素的绝对值。

在此之前，让我们看一看普通的Python代码实现情况。其使用双循环实现，如下所示。

In

```
li = [[-3, -2, -1],
      [0,  1,  2]]
new = []
for i, j in enumerate(li):
    new.append([])
    for k in j:
        new[i].append(abs(k))
new
```

Out

```
[[3, 2, 1], [0, 1, 2]]
```

现在，让我们看一看在使用NumPy的情况下会发生什么。

In

```
np.abs(b)
```

Out

```
array([[3, 2, 1],
       [0, 1, 2]])
```

可以通过执行np.abs函数获取内部元素的计算结果。再让我们看一看其他通用函数，执行sin函数。

In

```
np.sin(e)
```

Out

```
array([-0.84147098, -0.70169788, -0.52741539, -0.3271947 , -0.11088263,
        0.11088263,  0.3271947 ,  0.52741539,  0.70169788,  0.84147098])
```

同样，执行cos函数。

In

```
np.cos(e)
```

Out

```
array([ 0.54030231,  0.71247462,  0.84960756,  0.94495695,  0.99383351,
        0.99383351,  0.94495695,  0.84960756,  0.71247462,  0.54030231])
```

使用log函数计算自然对数，以自然对数为底数。

In

```
np.log(a)
```

Out

```
array([       -inf,  0.        ,  0.69314718])
```

-inf表示负无穷大，因为log(x)仅在x>0时才可定义。

对于常用对数（当以10为底时），可以使用log10函数进行计算。

In

```
np.log10(c)
```

Out

```
array([[0.        , 0.30103   , 0.47712125],
       [0.60205999, 0.69897   , 0.77815125]])
```

接下来，检查自然对数的底数e。exp函数可表示e^x，这也是一个通用函数。

In

```
np.exp(a)
```

Out

```
array([ 1.        ,  2.71828183,  7.3890561 ])
```

广播功能

对于NumPy，广播（broadcast）功能非常强大，它可以像通用函数一样直接对数组中的内部数据进行运算。

下面先从数组与标量（数值）相加的示例开始介绍该功能。

查看数组a。

In

```
a
```

Out

```
array([0, 1, 2])
```

将数组a加10。

In

```
a + 10
```

Out

```
array([10, 11, 12])
```

可以看到，数组中的元素都加上了10。

接下来，我们将看到数组之间的加法。在执行加法运算前，查看数组b。

In

```
b
```

Out

```
array([[-3, -2, -1],
       [ 0,  1,  2]])
```

将一维数组a与二维数组b相加。

In

```
a + b
```

Out

```
array([[-3, -1,  1],
       [ 0,  2,  4]])
```

a以两行的形式加到b上。这样，broadcast也可以对维度不同的数据进行运算。

再看一下形状不同的排列之间的加法。

转换a的维度，并将转换为3×1矩阵的值赋给变量a1。

In

```
a1 = a[:, np.newaxis]
a1
```

Out

```
array([[0],
       [1],
       [2]])
```

将a和a1相加。

In

```
a + a1
```

Out

```
array([[0, 1, 2],
       [1, 2, 3],
       [2, 3, 4]])
```

可以看到，已将一维数组a扩展为3行，将3×1矩阵的二维数组扩展为3×3矩阵，然后进行相加。下面我们来看一个从二维数组c的各个元素中减去数组c中元素的平均值以创建二维数组的示例。

首先，查看数组c。

In

```
c
```

Out

```
array([[1, 2, 3],
       [4, 5, 6]])
```

现在，我们将创建一个数组，其中每个元素都是从其自身元素的平均值中减去的。

In

```
c - np.mean(c)
```

Out

```
array([[-2.5, -1.5, -0.5],
       [ 0.5,  1.5,  2.5]])
```

检查数组和标量的乘法与幂。

In

```
b * 2
```

Out

```
array([[-6, -4, -2],
       [ 0,  2,  4]])
```

与加法类似，输出的数组是每个元素的两倍。让我们看一看幂函数。

In

```
b ** 3
```

Out

```
array([[-27,  -8,  -1],
       [  0,   1,   8]])
```

已经确认了每个元素都是数组b中对应元素的三次方。

与加法一样，数组之间的减法、乘法和除法同样可以进行。接下来，尝试执行不同形状数组之间的减法。

In

```
b - a
```

Out

```
array([[-3, -3, -3],
       [ 0,  0,  0]])
```

同样地，可以执行不同形状数组之间的乘法运算。

In

```
a * b
```

Out

```
array([[ 0, -2, -2],
       [ 0,  1,  4]])
```

还可以执行除法运算。

In

```
a / c
```

Out

```
array([[0.        , 0.5       , 0.66666667],
       [0.        , 0.2       , 0.33333333]])
```

当元素除以0时，元素将包含无穷大（inf），如下所示（还将输出运行时间警告RuntimeWarning）。

In

```
c / a
```

Out

```
array([[inf, 2. , 1.5],
       [inf, 5. , 3. ]])
```

为了防止在除以可能包含0的数组时出现inf，我们介绍一种添加一个小数值的技巧——将一个很小的数字1e–6（10^{-6}）加到要除以的数组中，再执行除法。

In

```
c / (a+1e-6)
```

Out

```
array([[1.00000000e+06, 1.99999800e+00, 1.49999925e+00],
       [4.00000000e+06, 4.99999500e+00, 2.99999850e+00]])
```

除以0以外的元素具有与计算结果几乎相同的数值，而除以0的元素则输出非常大的数值。使用消除无穷大的inf并进行近似计算的方法。

点积

计算数组的点积。下面计算二维数组b和一维数组a的点积。

计算点积时会使用dot函数。

In

```
np.dot(b, a)
```

Out

```
array([-4,  5])
```

在Python 3.5或更高版本中，可用@运算符，将输出类似的结果。

In

```
b @ a
```

Out

```
array([-4,  5])
```

正如我们在第3章中所学到的，点积的排列（矩阵）形状是很重要的。在上面的示例中，我们计算了2×3矩阵和一个由3个元素组成的一维数组的点积，因此得到了由两个元素组成的一维数组。

如果尝试通过反转乘法顺序找到3个元素的一维数组和2×3矩阵的点积，则会引发ValueError。

接下来，求出二维数组之间的点积。

In

```
b @ d
```

Out

```
array([[ -8, -14],
       [ 10,  13]])
```

在这里，由于求出了2×3矩阵和3×2矩阵的点积，因此输出了2×2矩阵。

观察点积与数组反转的输出。

In

```
d @ b
```

Out

```
array([[  0,   1,   2],
       [ -6,  -1,   4],
       [-12,  -3,   6]])
```

由于求出了3×2矩阵和2×3矩阵的点积，因此输出了3×3矩阵。

判断/逻辑值

用运算符对数组和标量进行比较时，比较结果的真假值（True/False）以相同形状的数组输出。

下面让我们看几个例子。

In

```
a > 1
```

Out

```
array([False, False,  True])
```

In

```
b > 0
```

Out

```
array([[False, False,  False],
       [False,  True,  True]])
```

正如上述结果所示，无论是一维数组还是二维数组，将每个元素与标量进行比较的结果是以数组作为返回值。

可以使用一组真假值轻松地确定符合条件的元素数组。例如，计算True的数量。

In

```
np.count_nonzero(b > 0)
```

Out

```
2
```

np.count_nonzero输出非零元素的数量。由于Python将False视为0，因此输出2，即True的数量。

使用np.sum函数也可以获得类似的结果。

In

```
np.sum(b > 0)
```

Out

```
2
```

np.sum将所有元素值相加，但是将True视为1，因此结果与上面相同。

用np.any输出结果，该结果用于确定元素中是否包含True。

In

```
np.any(b > 0)
```

Out

```
True
```

正如所看到的，b>0的结果包含一个或多个True，因为它由两个True和4个False组成，结果输出True。

然后使用np.all确定是否全部为True。

In

```
np.all(b > 0)
```

Out

```
False
```

由于元素中包含False，因此结果为False。

以下将看到如何利用上述真假值数组将仅符合条件的元素作为新数组输出。

In

```
b[b > 0]
```

Out

```
array([1, 2])
```

仅输出b>0为True的元素。

截至目前，我们对数组和标量进行了比较，但也可以对数组进行比较。

In

```
b == c
```

Out

```
array([[False, False, False],
       [False, False, False]])
```

这里，已比较了具有相同形状数组的元素，接下来可以以相同形状一一计算出这些元素。

下面的示例为将一维数组与二维数组进行比较。

In

```
a == b
```

Out

```
array([[False, False, False],
       [ True,  True,  True]])
```

如"广播功能"部分所述，如果形状不匹配，则根据广播规则匹配形状。

通过应用这些，可以比较多个数组，并通过它们的位运算输出结果，如下所示。

In

```
(b == c) | (a == b)
```

Out

```
array([[False, False, False],
       [ True,  True,  True]])
```

应用此结果，可以仅从数组中获取符合多个数组条件的元素。

In

```
b[(b == c) | (a == b)]
```

Out

```
array([0, 1, 2])
```

到目前为止，已经进行了元素的判定。

我们来看看如何检查数组是否由相同的元素组成。

In

```
np.allclose(b, c)
```

Out

```
False
```

通过np.allclose函数并不能确定所有元素是否相同，只能确定它们是否在误差范围内。使用该函数时，可以用atol参数指定绝对误差，如下所示。

In

```
np.allclose(b, c, atol=10)
```

Out

```
True
```

在这里，假设误差为10，所以所有元素都在误差范围内，并且返回True。

如果要忽略浮点数计算中的误差，此功能特别有用。

函数和方法

到目前为止，在计算元素的平均值和总和时，使用的是NumPy函数。例如，使用np.sum函数计算a元素的总和，如下所示。

In

```
np.sum(a)
```

Out

```
3
```

还可以使用数组方法执行类似的操作。

In

```
a.sum()
```

Out

```
3
```

上述两种方法在内部都有相同的动作。以求和为例已经进行过说明，很多NumPy的函数也支持方法调用。

在本书中，我们更倾向于统一使用Pythonic函数表达式，但是实际上使用其中任何一个都是正确的。读者不必拘泥于这种统一，自行选择认为方便的即可。

4.2 pandas

pandas是Python最常用的数据分析工具，如数据采集和处理。

4.2.1 pandas概述

什么是pandas

pandas以NumPy为基础提供了一种名为系列(Series)和数据帧(DataFrame)的数据类型。本小节将使用这些数据类型。

要使用pandas，请导入以下内容。

In

```
import pandas as pd
```

正如NumPy所做的那样，使用as关键字，可以用pd调用它。

什么是Series

Series是一维数据。 若要创建Series类型的对象，请使用Series代码。

In

```
ser = pd.Series([10, 20, 30, 40])
ser
```

Out

```
0    10
1    20
2    30
3    40
dtype: int64
```

我们创建了含4个元素的Series对象，并显示了它的内容。这个Series中的所有元素都是整数，因此会自动分配一个int64数据类型。

什么是DataFrame

DataFrame是二维数据。若要创建DataFrame类型的对象，请使用DataFrame代码。

In

```
df = pd.DataFrame([[10, "a", True],
                   [20, "b", False,],
                   [30, "c", False],
                   [40, "d", True]])
df
```

Out

	0	1	2
0	10	a	True
1	20	b	False
2	30	c	False
3	40	d	True

上述代码创建了4×3矩阵的DataFrame，并显示了内容。

DataFrame中的元素在第1列中包含整数元素，在第2列中包含字符串元素，在第3列中包含布尔元素。每列的元素都具有不同的数据类型，便于按列计算数据。如果在一列中同时混合了整数和字符串，则数据类型是Object类型。如果数据类型是Object类型，则无法进行数字计算。

DataFrame概述

查看DataFrame的大概数据结构。

首先，使用NumPy的arange函数生成25×4矩阵数据，并创建一个DataFrame。

In

```
import numpy as np
df = pd.DataFrame(np.arange(100).reshape((25, 4)))
```

如果直接调用df，则会输出DataFrame的所有信息。

In

```
df
```

Out

	0	1	2	3
0	0	1	2	3
1	4	5	6	7
2	8	9	10	11
3	12	13	14	15
4	16	17	18	19
		（中略）		
20	80	81	82	83
21	84	85	86	87
22	88	89	90	91
23	92	93	94	95
24	96	97	98	99

使用head方法，只输出该DataFrame的前5行。

In

```
df.head()
```

Out

	0	1	2	3
0	0	1	2	3
1	4	5	6	7
2	8	9	10	11
3	12	13	14	15
4	16	17	18	19

现在，使用tail方法输出后5行。

In

```
df.tail()
```

Out

	0	1	2	3
20	80	81	82	83
21	84	85	86	87

22	88	89	90	91
23	92	93	94	95
24	96	97	98	99

要了解DataFrame的大小，请使用shape属性。

In

```
df.shape
```

Out

```
(25, 4)
```

已确认是25 × 4矩阵的DataFrame。

索引名称和列名称

可以为DataFrame指定一个描述性索引名（行名称）和列名（表名称）

首先，创建一个DataFrame。

In

```
df = pd.DataFrame(np.arange(6).reshape((3, 2)))
```

在此阶段，索引名称和列名称的编号均从0开始自动分配。

In

```
df
```

Out

	0	1
0	0	1
1	2	3
2	4	5

在以下示例中，将字符串从01开始分配为索引名称，字母从A开始分配为列名称。此处，索引名称和列名称以数字或字母顺序定义。也可以为索引名称和列名称指定任何字符串或数字，它不必是有序值。

In

```
df.index = ["01", "02", "03"]
df.columns = ["A", "B"]
```

让我们看一看带有索引名和列名的DataFrame。

In

```
df
```

Out

	A	B
01	0	1
02	2	3
03	4	5

这样，数据已经以清晰的方式标记了出来。

索引名称和列名称是在创建DataFrame后给出的。如果需要在创建DataFrame时就设置索引名称和列名称，请执行以下操作。

In

```
named_df = pd.DataFrame(np.arange(6).reshape((3, 2)),
                        columns=["A列 ", "B列 "],
                        index=["第1 行", "第2行", "第3 行"])
named_df
```

Out

	A列	B列
第1行	0	1
第2行	2	3
第3行	4	5

创建字典（dict）格式的DataFrame也很常见。如果每列都有一组完整的数据，则使用此方法会很方便。此时只需指定列名，索引名从0开始按顺序分配。

In

```
pd.DataFrame({"A列 ": [0, 2, 4], "B列 ": [1, 3, 5]})
```

Out

	A列	B列
0	0	1
1	2	3
2	4	5

提取数据

再次创建数据并检查数据提取方法。

In

```
import numpy as np
import pandas as pd
df = pd.DataFrame(np.arange(12).reshape((4, 3)),
          columns=["A", "B", "C"],
          index=["第1行", "第2行", "第3行", "第4 行"])
df
```

Out

	A	B	C
第1行	0	1	2
第2行	3	4	5
第3行	6	7	8
第4行	9	10	11

来看看如何直接指定和提取列名。

In

```
df["A"]
```

Out

```
第1行    0
```

```
第2行    3
第3行    6
第4行    9
Name: A, dtype: int64
```

在此示例中，只提取了A列。结果是一维数据，因此返回的是Series对象。

接下来，提取多个列。

In

```
df[["A", "B"]]
```

Out

	A	B
第1行	0	1
第2行	3	4
第3行	6	7
第4行	9	10

在此示例中，列是在列表中被指定的。如果以这种方式，则将提取具有相同列名的数据，并输出为一个DataFrame。

然后指定索引值并提取数据。

In

```
df[:2]
```

Out

	A	B	C
第1行	0	1	2
第2行	3	4	5

这里，输出了第1行和第2行，索引编号为0和1。它的行为类似于Python列表。

到目前为止，我们已经在DataFrame中提取了“[]”（方括号）中的数据。从这里开始，我们将看到使用loc和iloc这两种方法进行提取的效果。使用这两种提取方法比使用方括号指定的方法更易懂。读者可能会觉得这种方法有点麻烦，因为必须兼顾指定索引和列，但这可以避免歧义。

首先，我们将了解如何在不附加任何条件的情况下输出所有DataFrame。请注意，它是"引用"而不是"副本"。有关详细信息，请参阅第4.1.2小节中的"深拷贝"部分。

In

```
df.loc[:, :]
```

Out

	A	B	C
第1行	0	1	2
第2行	3	4	5
第3行	6	7	8
第4行	9	10	11

以上语句中的":"是完全输出的意思，所以输出了完全相同的DataFrame。

下面的示例使用loc方法仅将A列提取为Series。这与df["A"]的结果相同。因为要输出所有索引方向的元素，所以为loc的第1个值指定一个表示所有元素的符号":"。

In

```
df.loc[:, "A"]
```

Out

```
第1行    0
第2行    3
第3行    6
第4行    9
Name: A, dtype: int64
```

使用loc方法执行提取多列的方法。这与df [["A", "B"]]具有相同的结果。

In

```
df.loc[:, ["A", "B"]]
```

Out

	A	B
第1行	0	1

第2行	3	4
第3行	6	7
第4行	9	10

接下来，让我们看一看索引方向上的提取。

In

```
df.loc["第1行", :]
```

Out

```
A    0
B    1
C    2
Name: 第1行, dtype: int64
```

这里，指定了一个索引名称，输出了所有列。

以下代码指定多个索引名称并输出所有列。

In

```
df.loc[["第1行", "第3行"], :]
```

Out

	A	B	C
第1行	0	1	2
第3行	6	7	8

下面是一个既指定索引名又指定列名的示例。

In

```
df.loc[["第1行"], ["A", "C"]]
```

Out

	A	C
第1行	0	2

到目前为止，我们已经学会了使用loc方法。下面介绍如何使用iloc方法。 iloc方法通过指定索引号或列号（而不是索引名或列名）来提取值。 这些数字编号从0开始，按顺序使用1，2，…整数值。

首先指定索引号为1，列号为1。

In

```
df.iloc[1, 1]
```

Out

```
4
```

由于索引和列是按位置指定的，而不是按范围指定的，因此结果将输出指定位置的值（在本例中为整数4）。

尝试按范围指定索引，按位置指定列。

In

```
df.iloc[1:, 1]
```

Out

```
第2行     4
第3行     7
第4行    10
Name: B, dtype: int64
```

由于以上语句指定了一个列，因此返回Series。

下面尝试按范围指定索引和列，将返回DataFrame。

In

```
df.iloc[1:, :2]
```

Out

	A	B
第2行	3	4
第3行	6	7
第4行	9	10

4.2.2 读写数据

使用pandas读取和写入外部文件。

数据导入：CSV文件

读取预先准备的CSV文件，其中包含一个月的步数和卡路里摄入量的数据（本小节使用的样本数据可按前言所述的方法下载）。

In

```
import pandas as pd
df = pd.read_csv("data/201704health.csv", encoding="utf-8")

df
```

Out

	日期	步数	摄入卡路里
0	2017-04-01	5439	2500
1	2017-04-02	2510	2300
2	2017-04-03	10238	1950
3	2017-04-04	8209	1850
4	2017-04-05	9434	1930
	（中略）		
25	2017-04-26	7492	1850
26	2017-04-27	7203	1930
27	2017-04-28	7302	1850
28	2017-04-29	6033	2300
29	2017-04-30	4093	1950

数据导入：Excel文件

与CSV文件一样，读取已经预先准备好的其中包含一个月的步数和卡路里摄入量的数据的Excel文件。

In

```
df = pd.read_excel("data/201704health.xlsx")
```

```
df
```

Out

	日期	步数	摄入卡路里
0	2017-04-01	5439	2500
1	2017-04-02	2510	2300
2	2017-04-03	10238	1950
3	2017-04-04	8209	1850
4	2017-04-05	9434	1930
	（中略）		
25	2017-04-26	7492	1850
26	2017-04-27	7203	1930
27	2017-04-28	7302	1850
28	2017-04-29	6033	2300
29	2017-04-30	4093	1950

数据加载：从网站HTML中获取表格

可以直接从网站HTML中的table元素中捕获DataFrame。在这里，从百度百科网站的“国际顶级域名”中提取“国家/地区标准代码（国际域名缩写）”的表格。

● 国际顶级域名

URL https://baike.baidu.com/item/国际顶级域名

In

```
url="https://baike.baidu.com/item/%E5%9B%BD%E9%99%85%E9%A1%B6%E7%BA
%A7%E5%9F%9F%E5%90%8D/1338317"
tables=pd.read_html(url)
```

从Web站点的HTML中提取表格元素。即使有多个表格元素，也可提取出来。用下面的命令检查获得的表格元素数量。

In

```
len(tables)
```

Out

```
25
```

可以看出页面上有25个表。read_html函数的结果是DataFrame中的列表，这次取得了25个元素，而“国家/地区标准代码（国际域名缩写）”在第1个表中。因此，可以使用索引号0获取所需的表。

In

```
df = tables[0]
df
```

Out

	缩写代码	国家地区	所在大洲	缩写代码.1	国家地区.1	所在大洲.1
0	.AE	United Arab Emirates阿联酋	亚洲	.AF	Afghanistan阿富汗	亚洲
1	.AL	Albania阿尔巴尼亚	欧洲	.AO	Angola 安哥拉	非洲
2	.AR	Argentina 阿根廷	南美洲	.AT	Austria奥地利	欧洲
3	.AU	Australia澳大利亚	大洋洲	.AZ	Azerbaijan阿塞拜疆	亚洲
4	.BD	Bangladesh孟加拉	亚洲	.BE	Belgium比利时	欧洲
...	...	...	...	...	...	...
71	.VA	Vatican City梵蒂冈	欧洲	.VE	Venezuela委内瑞拉	南美洲
72	.VN	Vietnam越南	亚洲	.YE	Yemen也门	亚洲
73	.YU	Yugoslavia南斯拉夫	欧洲	.ZA	South Africa南非	非洲
74	.ZM	Zambia赞比亚	非洲	.ZR	Zaire扎伊尔	非洲
75	.ZW	Zimbabwe津巴布韦	非洲	NaN	NaN	NaN

76 rows × 6 columns

76 行 × 6 列

可以看到，我们可以轻松地将网站上的HTML转换为了DataFrame。

数据导出：CSV文件

将刚才创建的DataFrame导出为CSV文件。

In

```
df.to_csv("data/write_data.csv")
```

确保CSV文件中存储了从HTML中检索的表格数据。

数据导出：Excel文件

要导出为Excel文件，请使用to_excel方法。

In

```
df.to_excel("data/write_data.xlsx")
```

然后在Excel中打开文件并检查。

数据重用

到目前为止，我们已经以一般文件格式导出了数据。本节将pandas DataFrame原样保存为文件，以便重用。有多种方法可以将DataFrame保存为文件格式，这里我们使用标准Python库中的pickle模块。pickle模块可以序列化Python对象并写入和读取文件。

执行to_pickle方法可以将其导出到文件。

In

```
df.to_pickle("data/write_df.pickle")
```

相反，当读取时，请执行以下操作。

In

```
df = pd.read_pickle("data/write_df.pickle")
```

使用read_pickle函数可以读取以pickle格式序列化的数据。

4.2.3 数据处理

本小节将对数据进行格式设置、条件提取和排序。

首先，重新导入使用pandas所需的库。

In

```
import pandas as pd
import numpy as np
```

如果在Notebook中运行此代码，则只需在一个Notebook中执行一次。

导入要使用的数据

将第4.2.2小节中使用的步数和卡路里摄入量的Excel文件重新加载到变量df中。

In

```
df = pd.read_excel("data/201704health.xlsx")
df
```

Out

	日期	步数	摄入卡路里
0	2017-04-01	5439	2500
1	2017-04-02	2510	2300
2	2017-04-03	10238	1950
3	2017-04-04	8209	1850
4	2017-04-05	9434	1930
	（中略）		
25	2017-04-26	7492	1850
26	2017-04-27	7203	1930
27	2017-04-28	7302	1850
28	2017-04-29	6033	2300
29	2017-04-30	4093	1950

如果这里的导入出现错误，请检查前面的数据读取部分。

按条件提取

仅提取大于10000步的天数。

In

```
df["步数"] >= 10000
```

Out

```
0    False
```

```
1      False
2     True
3      False
4      False
（中略）
25     False
26     False
27     False
28     False
29     False
Name: 步数, dtype: bool
```

返回布尔类型的Series。结果为True或False，指示每一行是否匹配条件。这里，我们不使用loc方法，而是使用df ["步数"]>=10000。这等同于df.loc[:, "步数"]>=10000。

可以将此布尔类型的Series应用于DataFrame，以便仅提取True行。

In

```
df_selected = df[df["步数"] >= 10000]
df_selected
```

Out

	日期	步数	摄入卡路里
2	2017-04-03	10238	1950
8	2017-04-09	12045	1950
12	2017-04-13	10287	1800
19	2017-04-20	15328	1800
20	2017-04-21	12849	1940

从输出中可以看出，只有步数大于10000的行包含在新DataFrame的df_selected中。

下面检查行数和列数。

In

```
df_selected.shape
```

Out

```
(5, 3)
```

可以看到，它是5 × 3矩阵的DataFrame。

让我们看看指定条件和提取数据的另一种方法——使用query（查询）方法。

In

```
df.query('步数 >= 10000 and 摄入卡路里 <= 1800')
```

Out

	日期	步数	摄入卡路里
12	2017-04-13	10287	1800
19	2017-04-20	15328	1800

可以像SQL语法一样写入和提取条件。这里只提取步数在10000以上、摄入卡路里在1800以下的行。

数据类型转换

在转换数据类型前，检查当前数据类型。

In

```
df.dtypes
```

Out

```
日期          object
步数           int64
摄入卡路里      int64
dtype: object
```

使用df.dtypes检查每个列的数据类型。我们发现日期列是一个对象（object）。这意味着日期列被视为字符串。

现在，我们将使用apply方法将datetime组合在一个新的列date中。

In

```
df.loc[:, 'date'] = df.loc[:, '日期'].apply(pd.to_datetime)
```

通过对列日期使用apply方法，数据将被转换并插入 date列中。 apply是对每个数据应用顺序函数。 在这里，运行pandas中的to_datetime函数，用该函数返回日期类型。

先确认数据。

In

```
df.loc[:, "date"]
```

Out

```
0     2017-04-01
1     2017-04-02
2     2017-04-03
3     2017-04-04
4     2017-04-05
（中略）
25    2017-04-26
26    2017-04-27
27    2017-04-28
28    2017-04-29
29    2017-04-30
Name: date, dtype: datetime64[ns]
```

我们发现新的日期列中包含datetime64数据类型。

to_datetime函数是解析和转换字符串、Python datetime类型等的函数。返回值根据输入格式而变化。有关详细信息请参阅官方文档(To_Datetime)。

让我们查看整个DataFrame。

In

```
df
```

Out

	日期	步数	摄入卡路里	date
0	2017-04-01	5439	2500	2017-04-01

1	2017-04-02	2510	2300	2017-04-02
2	2017-04-03	10238	1950	2017-04-03
3	2017-04-04	8209	1850	2017-04-04
4	2017-04-05	9434	1930	2017-04-05
		（中略）		
25	2017-04-26	7492	1850	2017-04-26
26	2017-04-27	7203	1930	2017-04-27
27	2017-04-28	7302	1850	2017-04-28
28	2017-04-29	6033	2300	2017-04-29
29	2017-04-30	4093	1950	2017-04-30

我们发现已经添加了新的date列。

使用astype方法将“摄入卡路里”列的数据类型转换为float32。

In

```
df.loc[:, "摄入卡路里"] = df.loc[:, "摄入卡路里"].astype(np.
float32)
```

然后用date列中的值设置索引。

In

```
df = df.set_index("date")
```

检查以上两个操作。在这里，仅输出并检查前5行。

In

```
df.head()
```

Out

	日期	步数	摄入卡路里
date			
2017-04-01	2017-04-01	5439	2500.0
2017-04-02	2017-04-02	2510	2300.0
2017-04-03	2017-04-03	10238	1950.0
2017-04-04	2017-04-04	8209	1850.0
2017-04-05	2017-04-05	9434	1930.0

索引包含date列中的值，date列不再存在。并且，“摄入卡路里”列的值变成了小数形式。

排序

检查数据排序。

In

```
df.sort_values(by="步数")
```

我们使用sort_values方法对“步数”列进行排序。默认情况下按升序排序。

Out

	日期	步数	摄入卡路里
date			
2017-04-02	2017-04-02	2510	2300.0
2017-04-23	2017-04-23	3890	1950.0
2017-04-22	2017-04-22	4029	2300.0
2017-04-30	2017-04-30	4093	1950.0
2017-04-08	2017-04-08	4873	2300.0
	（中略）		
2017-04-03	2017-04-03	10238	1950.0
2017-04-13	2017-04-13	10287	1800.0
2017-04-09	2017-04-09	12045	1950.0
2017-04-21	2017-04-21	12849	1940.0
2017-04-20	2017-04-20	15328	1800.0

接下来，尝试按降序输出，只输出前5行。

In

```
df.sort_values(by="步数", ascending=False).head()
```

Out

	日期	步数	摄入卡路里
date			
2017-04-20	2017-04-20	15328	1800.0
2017-04-21	2017-04-21	12849	1940.0

2017-04-09	2017-04-09	12045	1950.0
2017-04-13	2017-04-13	10287	1800.0
2017-04-03	2017-04-03	10238	1950.0

删除不必要的列

执行如下语句以删除不必要的列。

In

```
df = df.drop("日期", axis=1)
```

日期列不再需要，因为它已经在索引中包含转换为datetime的值。

查看数据的最后5行。

In

```
df.tail()
```

Out

	步数	摄入卡路里
date		
2017-04-26	7492	1850.0
2017-04-27	7203	1930.0
2017-04-28	7302	1850.0
2017-04-29	6033	2300.0
2017-04-30	4093	1950.0

以date为索引，完成了“步数”和“摄入卡路里”的DataFrame。

插入组合数据

下面介绍如何将列之间的计算结果插入新列中。

将步数除以摄入卡路里的值，插入“步数/卡路里”列。

In

```
df.loc[:, "步数/卡路里"] = df.loc[:, "步数"] / df.loc[:, "摄入卡路里"]
df
```

Out

	步数	摄入卡路里	步数/卡路里
date			
2017-04-01	5439	2500.0	2.175600
2017-04-02	2510	2300.0	1.091304
2017-04-03	10238	1950.0	5.250256
2017-04-04	8209	1850.0	4.437297
2017-04-05	9434	1930.0	4.888083
		（中略）	
2017-04-26	7492	1850.0	4.049730
2017-04-27	7203	1930.0	3.732124
2017-04-28	7302	1850.0	3.947027
2017-04-29	6033	2300.0	2.623043
2017-04-30	4093	1950.0	2.098974

现在，我们将介绍一个将计算函数化的例子。

基于“步数/卡路里”列的数据，创建一个“运动指数”列。此时的条件下，3以下被定义为Low，3~6为Mid，6以上为High。

定义一个名为exercise_judge的函数。

In

```
def exercise_judge(ex):
    if ex <= 3.0:
        return "Low"
    elif 3.0 < ex <= 6.0:
        return "Mid"
    else:
        return "High"
```

使用apply方法应用“步数/卡路里”列中的值，并将结果存储在“运动指数”列中。

In

```
df.loc[:, "运动指数"] = df.loc[:, "步数/卡路里"].apply(exercise_judge)
df
```

Out

	步数	摄入卡路里	步数/卡路里	运动指数
date				
2017-04-01	5439	2500.0	2.175600	Low
2017-04-02	2510	2300.0	1.091304	Low
2017-04-03	10238	1950.0	5.250256	Mid
2017-04-04	8209	1850.0	4.437297	Mid
2017-04-05	9434	1930.0	4.888083	Mid
		（中略）		
2017-04-26	7492	1850.0	4.049730	Mid
2017-04-27	7203	1930.0	3.732124	Mid
2017-04-28	7302	1850.0	3.947027	Mid
2017-04-29	6033	2300.0	2.623043	Low
2017-04-30	4093	1950.0	2.098974	Low

通过该操作，以date为索引，形成了“步数”“摄入卡路里”“步数/卡路里”“运动指数”的DataFrame。

使用pickle将DataFrame保存成文件名为df_201704health.pickle的文件。

```
df.to_pickle("data/df_201704health.pickle")
```

在此，将运动指数中的["High", "Mid", "Low"]数据分成3列，并使用get_dummies函数创建一个DataFrame，数据符合该部分时输入1，不符合该部分时输入0。其中，参数为prefix="运动"，以确定列名的第1个字符。

In

```
df_moved = pd.get_dummies(df.loc[:, "运动指数"], prefix= "运动")
df_moved
```

Out

	运动_High	运动_Low	运动_Mid
date			
2017-04-01	0	1	0
2017-04-02	0	1	0
2017-04-03	0	0	1
2017-04-04	0	0	1
2017-04-05	0	0	1

（中略）			
2017-04-26	0	0	1
2017-04-27	0	0	1
2017-04-28	0	0	1
2017-04-29	0	1	0
2017-04-30	0	1	0

这里使用的是One-Hot编码技术。具体情况将在第4.4节中的“预处理”部分详细说明。

稍后会使用这个数据，所以先用to_pickle保存它。

In

```
df_moved.to_pickle("data/df_201704moved.pickle")
```

4.2.4　时间序列数据

本小节处理时间序列数据，如每月或每周数据。

创建一个月的数据

通过设置开始日期和结束日期来创建一个月的日期数组。

In

```
dates = pd.date_range(start="2017-04-01", end="2017-04- 30")
dates
```

Out

```
DatetimeIndex(['2017-04-01', '2017-04-02', '2017-04-03', '2017-04-04',
               '2017-04-05', '2017-04-06', '2017-04-07', '2017-04-08',
               '2017-04-09', '2017-04-10', '2017-04-11', '2017-04-12',
               '2017-04-13', '2017-04-14', '2017-04-15', '2017-04-16',
               '2017-04-17', '2017-04-18', '2017-04-19', '2017-04-20',
               '2017-04-21', '2017-04-22', '2017-04-23', '2017-04-24',
               '2017-04-25', '2017-04-26', '2017-04-27', '2017-04-28',
               '2017-04-29', '2017-04-30'],
               dtype='datetime64[ns]', freq='D')
```

我们创建了一个DataFrame，它以一个月的日期数组为索引，并把数据本身设置为随机数。

In

```
np.random.seed(123)
df = pd.DataFrame(np.random.randint(1, 31, 30),
                  index=dates, columns=["随机数"])
df
```

Out

	随机数
2017-04-01	14
2017-04-02	3
2017-04-03	29
2017-04-04	3
2017-04-05	7
（中略）	
2017-04-26	1
2017-04-27	17
2017-04-28	5
2017-04-29	18
2017-04-30	24

创建一年365天的数据

创建一个从某开始日期至次年该日期前一天一年365天的日期数组。

In

```
dates = pd.date_range(start="2017-01-01", periods=365)
dates
```

Out

```
DatetimeIndex(['2017-01-01', '2017-01-02', '2017-01-03', '2017-01-04',
               '2017-01-05', '2017-01-06', '2017-01-07', '2017-01-08',
               '2017-01-09', '2017-01-10',
               ...
               '2017-12-22', '2017-12-23', '2017-12-24', '2017-12-25',
               '2017-12-26', '2017-12-27', '2017-12-28', '2017-12-29',
               '2017-12-30', '2017-12-31'],
              dtype='datetime64[ns]', length=365, freq='D')
```

这里省略了部分显示，但可以理解这里总共有365个日期的数组。同理，创建一个365行的DataFrame。

In

```
np.random.seed(123)
df = pd.DataFrame(np.random.randint(1, 31, 365),
                  index=dates, columns=["随机数"])
df
```

Out

	随机数
2017-01-01	14
2017-01-02	3
2017-01-03	29
2017-01-04	3
2017-01-05	7
（中略）	
2017-12-27	22
2017-12-28	5
2017-12-29	22
2017-12-30	1
2017-12-31	8

365 行 × 1 列

将数据设置为月平均值

使用365天的数据计算每月的平均值。

In

```
df.groupby(pd.Grouper(freq='M')).mean()
```

Out

	随机数
2017-01-31	13.774194
2017-02-28	13.428571
2017-03-31	15.612903

2017-04-30	15.533333
2017-05-31	15.322581
2017-06-30	14.300000
2017-07-31	15.258065
2017-08-31	16.129032
2017-09-30	18.433333
2017-10-31	14.580645
2017-11-30	12.633333
2017-12-31	17.483871

在这里，使用groupby方法汇总数据，已经指定了freq='M'作为参数，Grouper允许进行周期性分组。在本例中，我们使用freq='M'按月分组。有关详细信息，请参阅官方文档（Grouper）。

● Grouper

URL https://pandas.pydata.org/pandas-docs/stable/generated/pandas.Grouper.html

在下面的示例中，参数列被固定为随机数，并使用resample方法输出每月平均值。

In

```
df.loc[:, "随机数"].resample('M').mean()
```

Out

```
2017-01-31    13.774194
2017-02-28    13.428571
2017-03-31    15.612903
2017-04-30    15.533333
2017-05-31    15.322581
2017-06-30    14.300000
2017-07-31    15.258065
2017-08-31    16.129032
2017-09-30    18.433333
2017-10-31    14.580645
2017-11-30    12.633333
2017-12-31    17.483871
Freq: M, Name: 随机数, dtype: float64
```

列已固定，因此将在Series中输出。

复杂条件的索引

首先，让我们学习一下如何计算一年内所有星期六的日期数据。

In

```
pd.date_range(start="2017-01-01", end="2017-12-31", freq="W-SAT")
```

Out

```
DatetimeIndex(['2017-01-07', '2017-01-14', '2017-01-21', '2017-01-28',
               '2017-02-04', '2017-02-11', '2017-02-18', '2017-02-25',
               '2017-03-04', '2017-03-11', '2017-03-18', '2017-03-25',
               '2017-04-01', '2017-04-08', '2017-04-15', '2017-04-22',
               '2017-04-29', '2017-05-06', '2017-05-13', '2017-05-20',
               '2017-05-27', '2017-06-03', '2017-06-10', '2017-06-17',
               '2017-06-24', '2017-07-01', '2017-07-08', '2017-07-15',
               '2017-07-22', '2017-07-29', '2017-08-05', '2017-08-12',
               '2017-08-19', '2017-08-26', '2017-09-02', '2017-09-09',
               '2017-09-16', '2017-09-23', '2017-09-30', '2017-10-07',
               '2017-10-14', '2017-10-21', '2017-10-28', '2017-11-04',
               '2017-11-11', '2017-11-18', '2017-11-25', '2017-12-02',
               '2017-12-09', '2017-12-16', '2017-12-23', '2017-12-30'],
              dtype='datetime64[ns]', freq='W-SAT')
```

通过将freq='W-SAT'与start和end一起传递给date_range函数，可以在start和end之间输出每个星期六的日期。这样，即可创建用于索引固定时间段的数据。如果数据按星期六为节点分组，则可以将DataFrame的index设置为date_range函数创建的值。

接下来，我们将以星期六为节点，以周为单位总结一年的数据。

In

```
df_year = pd.DataFrame(df.groupby(pd.Grouper(freq='W-SAT')).sum(),
columns=['随机数'])
df_year
```

Out

	随机数
2017-01-07	94
2017-01-14	109

2017-01-21	85
2017-01-28	93
2017-02-04	81
（中略）	
2017-12-09	137
2017-12-16	139
2017-12-23	127
2017-12-30	105
2018-01-06	8

4.2.5 缺失值的处理

本小节学习如何处理缺失值。缺失值是指显示为NaN的部分。缺失值的存在可能导致错误或意外的计算结果，因此，必须先处理缺失值。现将CSV文件作为DataFrame读取为新数据。

In

```
import pandas as pd
df_201705 = pd.read_csv("data/201705health.csv",
          encoding="utf-8",
          index_col='日期', parse_dates=True)
df_201705
```

Out

	步数	摄入卡路里
日期		
2017-05-01	1439.0	4500.0
2017-05-02	8120.0	2420.0
2017-05-03	NaN	NaN
2017-05-04	2329.0	1500.0
2017-05-05	NaN	NaN
2017-05-06	3233.0	1800.0
2017-05-07	9593.0	2200.0
2017-05-08	9213.0	1800.0
2017-05-09	5593.0	2500.0

使用dropna方法删除缺少的行。

In

```
df_201705_drop = df_201705.dropna()
df_201705_drop
```

Out

	步数	摄入卡路里
日期		
2017-05-01	1439.0	4500.0
2017-05-02	8120.0	2420.0
2017-05-04	2329.0	1500.0
2017-05-06	3233.0	1800.0
2017-05-07	9593.0	2200.0
2017-05-08	9213.0	1800.0
2017-05-09	5593.0	2500.0

将0赋给fillna方法，并用0填充缺失值。

In

```
df_201705_fillna = df_201705.fillna(0)
df_201705_fillna
```

Out

	步数	摄入卡路里
日期		
2017-05-01	1439.0	4500.0
2017-05-02	8120.0	2420.0
2017-05-03	0.0	0.0
2017-05-04	2329.0	1500.0
2017-05-05	0.0	0.0
2017-05-06	3233.0	1800.0
2017-05-07	9593.0	2200.0
2017-05-08	9213.0	1800.0
2017-05-09	5593.0	2500.0

在fillna方法中提供method='ffill'，用前一个值填充缺失的值。

In

```
df_201705_fill = df_201705.fillna(method='ffill')
df_201705_fill
```

Out

	步数	摄入卡路里
日期		
2017-05-01	1439.0	4500.0
2017-05-02	8120.0	2420.0
2017-05-03	8120.0	2420.0
2017-05-04	2329.0	1500.0
2017-05-05	2329.0	1500.0
2017-05-06	3233.0	1800.0
2017-05-07	9593.0	2200.0
2017-05-08	9213.0	1800.0
2017-05-09	5593.0	2500.0

最后，我们将了解如何将缺失值存储为平均值、中位数和众数。通过在fillna方法中添加df_201705.mean()，则可以用其他值的平均值来填充缺失值。

In

```
df_201705_fillmean = df_201705.fillna(df_201705.mean())
df_201705_fillmean
```

Out

	步数	摄入卡路里
日期		
2017-05-01	1439.000000	4500.000000
2017-05-02	8120.000000	2420.000000
2017-05-03	5645.714286	2388.571429
2017-05-04	2329.000000	1500.000000
2017-05-05	5645.714286	2388.571429
2017-05-06	3233.000000	1800.000000
2017-05-07	9593.000000	2200.000000
2017-05-08	9213.000000	1800.000000
2017-05-09	5593.000000	2500.000000

如果用中位数填充，则使用df_201705.median()，而不是df_201705.mean()。如果用众数填充，则使用df_201705.mode().iloc[0，:]。

4.2.6 数据合并

本小节介绍数据重新调用和DataFrame之间的连接。

加载已保存的数据

读取以前在pickle中保存的数据。

In

```
df = pd.read_pickle("data/df_201704health.pickle")
df
```

Out

	步数	摄入卡路里	步数/卡路里	运动指数
date				
2017-04-01	5439	2500.0	2.175600	Low
2017-04-02	2510	2300.0	1.091304	Low
2017-04-03	10238	1950.0	5.250256	Mid
2017-04-04	8209	1850.0	4.437297	Mid
2017-04-05	9434	1930.0	4.888083	Mid
		（中略）		
2017-04-26	7492	1850.0	4.049730	Mid
2017-04-27	7203	1930.0	3.732124	Mid
2017-04-28	7302	1850.0	3.947027	Mid
2017-04-29	6033	2300.0	2.623043	Low
2017-04-30	4093	1950.0	2.098974	Low

它可以作为DataFrame重新调用，并可以导入另一个DataFrame以显示其内容。

In

```
df_moved = pd.read_pickle("data/df_201704moved.pickle")
df_moved
```

Out

	运动_High	运动_Low	运动_Mid
date			
2017-04-01	0	1	0
2017-04-02	0	1	0
2017-04-03	0	0	1
2017-04-04	0	0	1
2017-04-05	0	0	1
（中略）			
2017-04-26	0	0	1
2017-04-27	0	0	1
2017-04-28	0	0	1
2017-04-29	0	1	0
2017-04-30	0	1	0

列级联

在列方向连接两个DataFrame。使用concat函数将两个DataFrame列表传递给参数。通过将axis=1添加到参数中，可以生成列级联。

In

```
df_merged = pd.concat([df, df_moved], axis=1)
df_merged
```

Out

	步数	摄入卡路里	步数/卡路里	运动指数	运动_High	运动_Low	运动_Mid
date							
2017-04-01	5439	2500.0	2.175600	Low	0	1	0
2017-04-02	2510	2300.0	1.091304	Low	0	1	0
2017-04-03	10238	1950.0	5.250256	Mid	0	0	1
2017-04-04	8209	1850.0	4.437297	Mid	0	0	1
2017-04-05	9434	1930.0	4.888083	Mid	0	0	1
（中略）							
2017-04-26	7492	1850.0	4.049730	Mid	0	0	1
2017-04-27	7203	1930.0	3.732124	Mid	0	0	1
2017-04-28	7302	1850.0	3.947027	Mid	0	0	1
2017-04-29	6033	2300.0	2.623043	Low	0	1	0
2017-04-30	4093	1950.0	2.098974	Low	0	1	0

可以看到，它们是用相同的索引名（date）连接的。

行级联

在行方向（索引方向）上连接两个DataFrame。使用concat函数传递包含两个DataFrame参数的列表。通过在参数中添加axis=0，生成行级联。

In

```
df_merged_0405 = pd.concat([df_merged, df_201705_fill],
                           axis=0,sort=True)
                           df_merged_0405
```

Out

	摄入卡路里	步数	步数/卡路里	运动_High	运动_Low	运动_Mid	运动指数
2017-04-01	2500.0	5439.0	2.175600	0.0	1.0	0.0	Low
2017-04-02	2300.0	2510.0	1.091304	0.0	1.0	0.0	Low
2017-04-03	1950.0	10238.0	5.250256	0.0	0.0	1.0	Mid
2017-04-04	1850.0	8209.0	4.437297	0.0	0.0	1.0	Mid
2017-04-05	1930.0	9434.0	4.888083	0.0	0.0	1.0	Mid
			（中略）				
2017-05-05	1500.0	2329.0	NaN	NaN	NaN	NaN	NaN
2017-05-06	1800.0	3233.0	NaN	NaN	NaN	NaN	NaN
2017-05-07	2200.0	9593.0	NaN	NaN	NaN	NaN	NaN
2017-05-08	1800.0	9213.0	NaN	NaN	NaN	NaN	NaN
2017-05-09	2500.0	5593.0	NaN	NaN	NaN	NaN	NaN

可以看到，5月份的数据已添加到行方向（索引方向）。

4.2.7 统计数据的处理

加载已保存的数据

读取并使用以前由pickle存储的数据。将数据存储在DataFrame后，检查数据的内容。

In

```
import pandas as pd
```

```
df = pd.read_pickle("data/df_201704health.pickle")
df.head()
```

Out

	步数	摄入卡路里	步数/卡路里	运动指数
date				
2017-04-01	5439	2500.0	2.175600	Low
2017-04-02	2510	2300.0	1.091304	Low
2017-04-03	10238	1950.0	5.250256	Mid
2017-04-04	8209	1850.0	4.437297	Mid
2017-04-05	9434	1930.0	4.888083	Mid

基本统计量

输出各基本统计量。使用max方法查看最大值。

In

```
df.loc[:, "摄入卡路里"].max()
```

Out

```
2500.0
```

使用min方法查看最小值。

In

```
df.loc[:, "摄入卡路里"].min()
```

Out

```
1800.0
```

使用mode方法查看众数。

In

```
df.loc[:, "摄入卡路里"].mode()
```

Out

```
0       2300.0
dtype: float32
```

使用mean方法查看算术平均值。

In

```
df.loc[:, "摄入卡路里"].mean()
```

Out

```
2026.6666
```

使用median方法查看中位数。

In

```
df.loc[:, "摄入卡路里"].median()
```

Out

```
1945.0
```

使用std方法查看标准差。在此，导出抽样标准差。

In

```
df.loc[:, "摄入卡路里"].std()
```

Out

```
205.54944
```

如果要输出总体的标准差，可以在std方法中指定ddof=0。默认情况下，pandas的std算法设置为ddof=1。

In

```
df.loc[:, "摄入卡路里"].std(ddof=0)
```

Out

```
202.09459
```

使用count方法查看计数。输出摄入卡路里为2300的数据的数量。

In

```
df[df.loc[:, "摄入卡路里"]==2300].count()
```

Out

```
步数          8
摄入卡路里      8
步数/卡路里     8
运动指数        8
dtype: int64
```

摘要

到目前为止，我们已经确认了各个统计数据。在此，我们将了解如何将DataFrame统计信息合并到一起。

使用describe方法输出。

In

```
df.describe()
```

Out

```
       步数            摄入卡路里       步数/卡路里
count  30.000000      30.000000     30.000000
mean   7766.366667    2026.666626   3.929658
std    2689.269308    205.549438    1.563674
min    2510.000000    1800.000000   1.091304
25%    6661.500000    1870.000000   2.921522
50%    7561.000000    1945.000000   4.030762
75%    8408.500000    2300.000000   4.421622
max    15328.000000   2500.000000   8.515556
```

输出的统计数据含义说明见表4.1。

表 4.1 代表性统计项的含义说明

统计项	
count	数据计数（缺失值等不包括在内）
mean	算术平均值
std	样品标准偏差
min	最小值
25%	第一四分位数
50%	中位数
75%	第三四分位数
max	最大值

相关系数

检查列之间数据的数字关系。为此，我们输出相关系数。

In

```
df.corr()
```

Out

	步数	摄入卡路里	步数/卡路里
步数	1.000000	-0.498703	0.982828
摄入卡路里	-0.498703	1.000000	-0.636438
步数/卡路里	0.982828	-0.636438	1.000000

散点图矩阵

让我们通过图表查看每列数据之间的关系。

首先，运行魔术命令，在Jupyter Notebook中显示图形。

In

```
%matplotlib inline
```

接下来，导入用于输出散点图矩阵的函数。

In

```
from pandas.plotting import scatter_matrix
```

如果将DataFrame作为参数传递给scatter_matrix函数，则会输出散点图矩阵。

In

```
_ = scatter_matrix(df)
```

输出每个数据的散点图，如图4.1所示。数据在同一列中的斜角区域以直方图的形式显示数据的趋势。可以用数字判断数据，也可以用图表查看数据的情况。

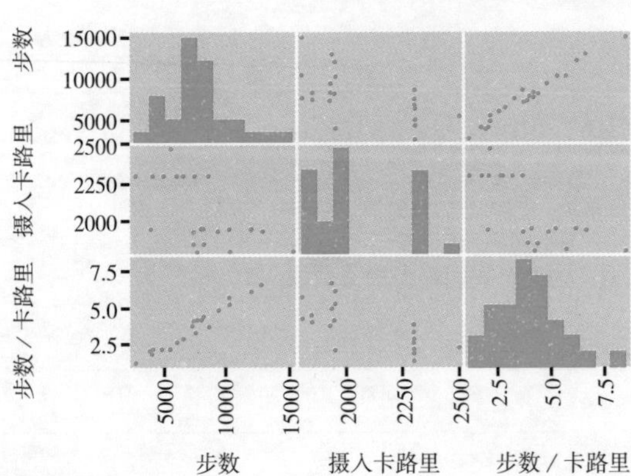

图4.1 散点图矩阵

数据转换

到目前为止，我们已经学会使用pandas的DataFrame来处理数据。pandas的DataFrame后端是NumPy。除了NumPy数组（ndarray）功能以外，pandas还扩展了其他功能。

下面介绍的Matplotlib和scikit-learn可以直接使用pandas的DataFrame。但是，其他机器学习框架可能不接受pandas DataFrame，而需要NumPy数组。在Python中进行数据分析时，不仅需要使用pandas，还需要使用NumPy进行数据交换。接下来讲解DataFrame和ndarray的数据转换办法。

首先，让我们看一看DataFrame。

In

```
df.loc[:, ["步数", "摄入卡路里"]]
```

Out

	步数	摄入卡路里
date		
2017-04-01	5439	2500.0
2017-04-02	2510	2300.0
2017-04-03	10238	1950.0
2017-04-04	8209	1850.0
2017-04-05	9434	1930.0
	（中略）	
2017-04-26	7492	1850.0
2017-04-27	7203	1930.0
2017-04-28	7302	1850.0
2017-04-29	6033	2300.0
2017-04-30	4093	1950.0

将上述pandas的DataFrame转换为NumPy数组。此时，使用values属性。

In

```
df.loc[:, ["步数", "摄入卡路里"]].values
```

Out

```
array([[ 5439.,   2500.],
       [ 2510.,   2300.],
       [ 10238.,  1950.],
       [ 8209.,   1850.],
       [ 9434.,   1930.],
（中略）
       [ 7492.,   1850.],
       [ 7203.,   1930.],
       [ 7302.,   1850.],
       [ 6033.,   2300.],
       [ 4093.,   1950.]])
```

4.3 Matplotlib

本节介绍如何使用Matplotlib，这是一个主要用来在Python中绘制二维图形的库。

4.3.1 Matplotlib概述

什么是Matplotlib

Matplotlib是一个Python库，主要用于绘制二维图表，因为其支持各种操作系统而被广泛应用。它与Jupyter Notebook也具有很强的亲和力，在Notebook上运行代码会在同一Notebook上绘制图表，方便数据可视化。Matplotlib中有两种样式的图表绘制编码。为了方便起见，我们将它们称为MATLAB样式和面向对象的样式。本书采用了面向对象的样式。它们的区别将在下面简要说明。

要使用Matplotlib，需要执行以下操作，允许plt使用as关键字调用。

In

```
import matplotlib.pyplot as plt
```

此外，还可以使用ggplot作为图表样式。图表样式将在后面介绍。

In

```
import matplotlib.style

# 指定ggplot样式
matplotlib.style.use('ggplot')
```

MATLAB样式

MATLAB样式以类似于MATLAB数值分析软件的形式绘制图表。此样式在matplotlib.pyplot模块中执行各种用于绘制图表的函数，如下所示。

In

```
# 准备数据
x = [1, 2, 3]
```

```
y = [2, 4, 9]

plt.plot(x, y)                    # 绘制折线图
plt.title('MATLAB-style')         # 设置图表标题

plt.show()                        # 显示图表
```

上述代码的执行结果为折线图，如图4.2所示。

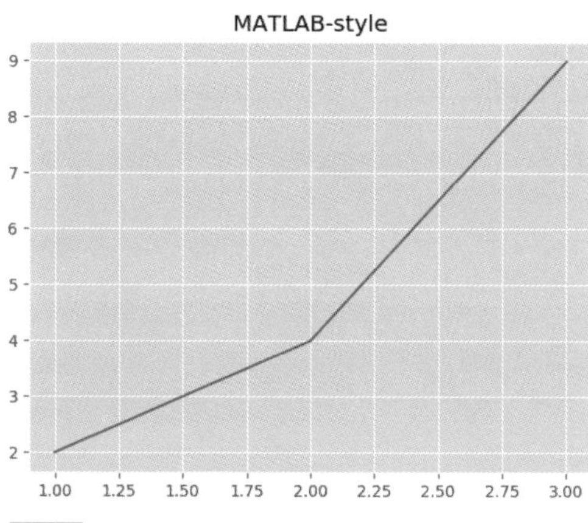

图4.2 MATLAB样式折线图

面向对象样式

与MATLAB样式不同，面向对象样式将子图添加到绘图对象上，并能在子图上绘制图表。下面的代码绘制了与前一个MATLAB样式示例相同的图表。单看此例会觉得很复杂，但采用面向对象样式允许为单个figure（图形）对象指定多个子图。这样，就可以同时查看多个图表。

In

```
# 准备数据
x = [1, 2, 3]
y = [2, 4, 9]

# 生成绘图对象（fig）和子绘图（ax）
fig, ax = plt.subplots()

ax.plot(x, y)                     # 绘制折线图
```

```
ax.set_title('OOP-style')                    # 设置标题

plt.show()                                   # 显示图表
```

执行结果类似于MATLAB样式，如图4.3所示。

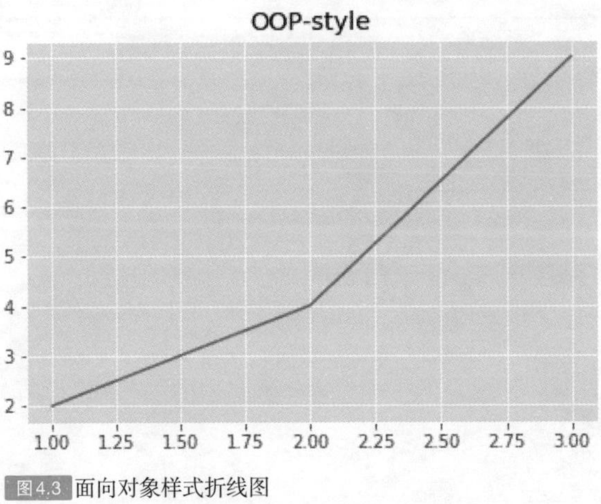

图4.3 面向对象样式折线图

4.3.2 绘图对象

本小节介绍如何使用绘图对象以面向对象的样式绘制图表，以及一些常见的设置。

绘图对象和子绘图

要在Matplotlib中绘制图表，需要先生成绘图对象(figure)，并在其中配置一个或多个子图(subplot)。前面的fig,ax=plt.subplots()代码生成一个绘图对象，将一个子图配置在其中，并将每个子绘图存储在变量fig和ax中。

通过为subplots函数的参数指定数字，可以在一个绘图对象上配置多个子图。例如，如果指定subplots(2)，则配置两个子图，如图4.4所示。

In

```
import matplotlib.pyplot as plt
fig, axes = plt.subplots(2)                  # 配置两个子图
plt.show()
```

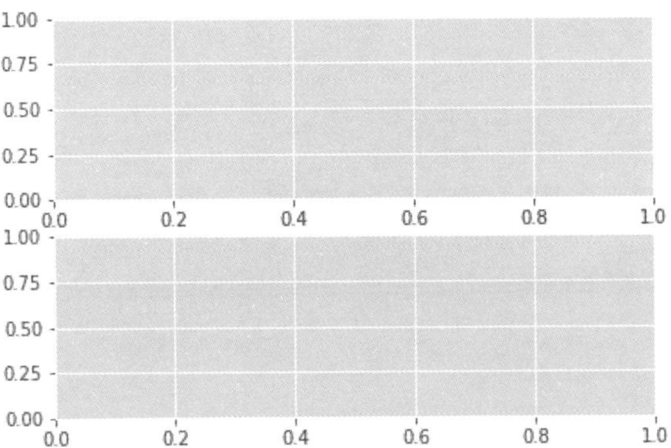

图4.4 两个子图

如果指定subplots(2,2)，则共配置4个子图，占2行2列，如图4.5所示。

In

```
fig, axes = plt.subplots(2, 2)            # 配置2行2列的子图
plt.show()
```

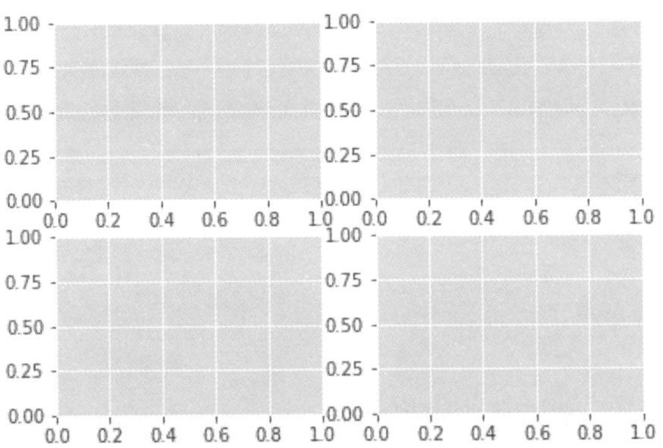

图4.5 2行2列的子绘图

每个参数都可以在关键字参数nrows和ncols中指定，因此可以将子图定位为1行2列，如图4.6所示。由于此参数的默认值为1，因此如果未指定参数，如subplots()，则会将子图定位为1行1列。

In

```
fig, axes = plt.subplots(ncols=2)         #配置1行2列的子图
plt.show()
```

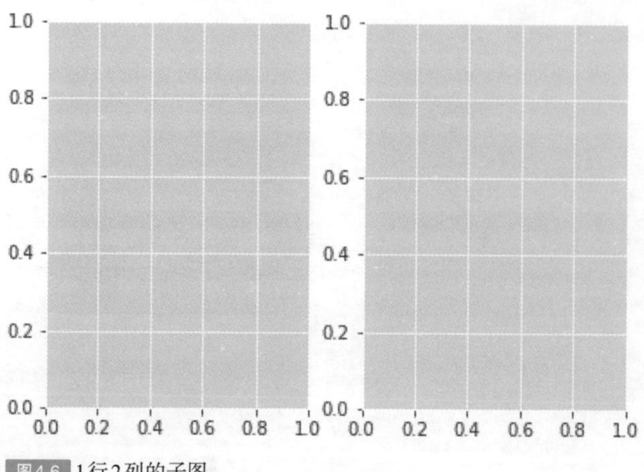

图4.6 1行2列的子图

图表样式

使用matplotlib.style可以指定图表的显示样式，如线条颜色、线条粗细和背景颜色。有效样式名称的列表可以在matplotlib.style.available中找到，Matplotlib 2.2.2提供了26种样式。 若要应用样式，需在matplotlib.sytle.use()中指定样式名称字符串。请注意，本书使用ggplot样式。

In

```
import matplotlib.style

# 显示样式列表
print(matplotlib.style.available)
```

下面是一个使用classic样式的示例，如图4.7所示。

In

```
#指定classic图表样式
matplotlib.style.use('classic')

fig, ax = plt.subplots()
ax.plot([1, 2])

plt.show()
```

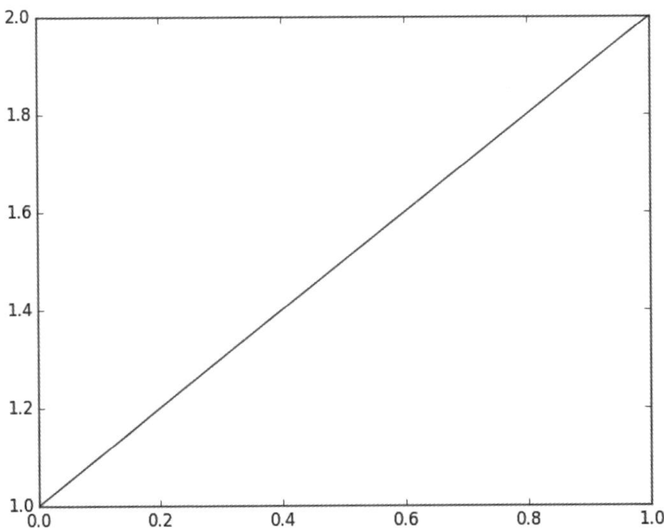

图4.7 classic样式图表

标题

可以为图形对象和子图设置标题，如图4.8所示。

In

```
fig, axes = plt.subplots(ncols=2)


# 设置子图标题
axes[0].set_title('subplot title 0')
axes[1].set_title('subplot title 1')
# 设置图形对象的标题
fig.suptitle('figure title')


plt.show()
```

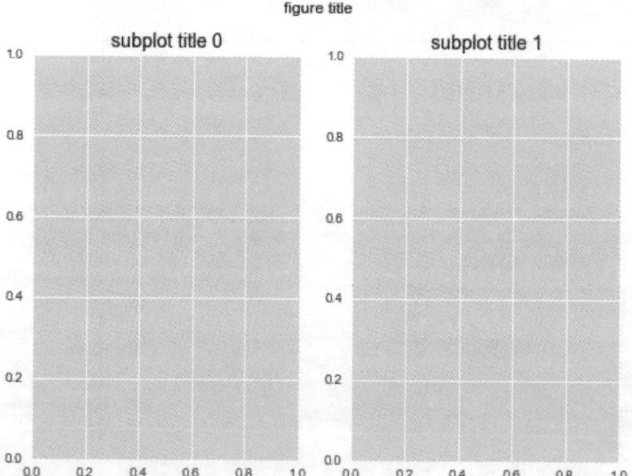

图4.8 设置标题

轴标签

可以为图表轴设置标签，如图4.9所示。

In

```
fig, ax = plt.subplots()

ax.set_xlabel('x label')                          # 设置x轴标签
ax.set_ylabel('y label')                          # 设置y轴标签

plt.show()
```

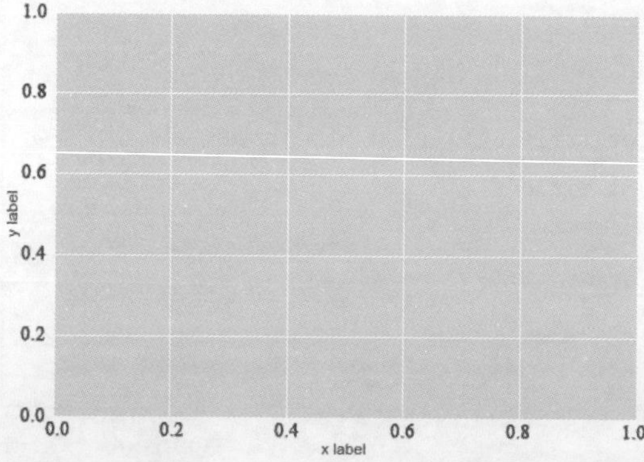

图4.9 设置轴标签

图例

可以在子图中显示图例。要显示图例，需在绘制数据时使用label参数指定图例的标签，并以legend方法显示图例，如图4.10所示。loc='best'将输出最小重叠的数据。

In

```
fig, ax = plt.subplots()

# 为图例设置标签
ax.plot([1, 2, 3], [2, 4, 9], label='legend label')
ax.legend(loc='best')                        # 显示图例

plt.show()
```

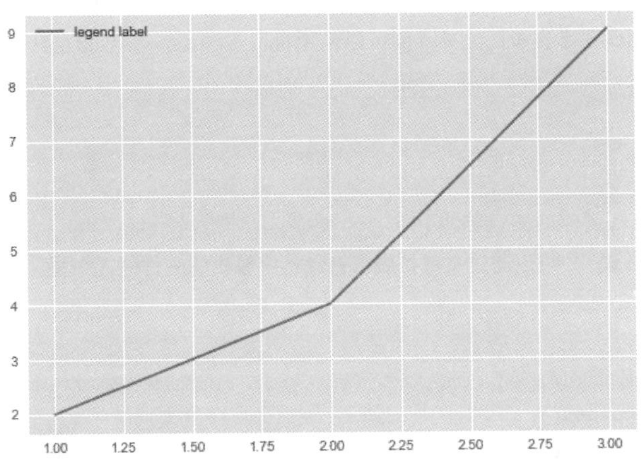

图4.10 显示图例

在这个例子中，图例出现在左上角。要将图例输出到任意位置，可以为loc参数指定位置。以下示例将图例的位置指定为右下角，如图4.11所示。

In

```
fig, ax = plt.subplots()

ax.plot([1, 2, 3], [2, 4, 9], label='legend label')
ax.legend(loc='lower right')                 # 将图例显示在右下角

plt.show()
```

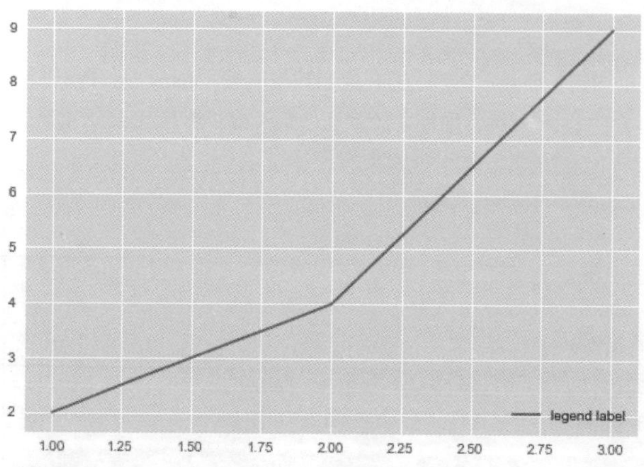

图4.11 图例显示在右下角

关于图例的位置，还可以指定upper left、center、center left、lower center、best等10种。如果想将图例显示在子图之外，则可以使用bbox_to_anchor参数指定其坐标。

文件输出

通过savefig方法将创建的图表输出到文件，可以选择扩展名.png、.pdf、.ps、.eps和.svg作为文件格式，并可以通过文件扩展名自动确定输出的文件格式（也可以在format参数中指定）。

In

```
fig, ax = plt.subplots()
ax.set_title('subplot title')
fig.savefig('sample-figure.png')                # png格式保存
fig.savefig('sample-figure.svg')                # svg格式保存
```

4.3.3 图表类型和输出方式

折线图

前面已经学习过，折线图是用plot方法绘制的。plot方法的参数对应折线图x和y坐标的数组或标量。下面是在一个子图上绘制两个折线图的示例，如图4.12所示。

In

```
fig, ax = plt.subplots()

x = [1, 2, 3]
y1 = [1, 2, 3]
y2 = [3, 1, 2]
ax.plot(x, y1)                    # 绘制折线图
ax.plot(x, y2)

plt.show()
```

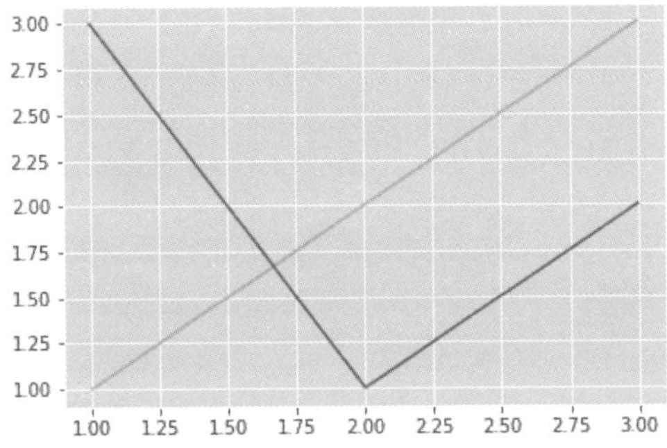

图4.12 绘制折线图

虽然字面上是折线图，但通过缩小值的间隔，也可以模拟成曲线图表。下面是绘制sin和cos图像的代码，结果如图4.13所示。

In

```
import numpy as np

x = np.arange(0.0, 15.0, 0.1)
y1 = np.sin(x)
y2 = np.cos(x)

fig, ax = plt.subplots()
ax.plot(x, y1, label='sin')
ax.plot(x, y2, label='cos')
ax.legend()

plt.show()
```

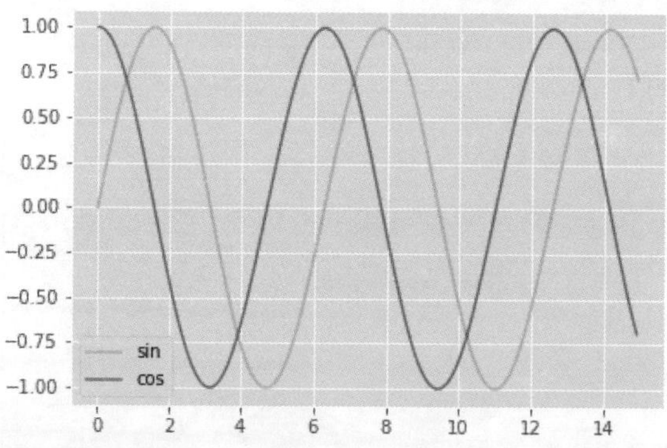

图4.13 在折线图中绘制正弦和余弦曲线

柱状图

使用bar方法绘制柱状图。下面是一个简单柱状图的绘制示例，如图4.14所示。

In

```
fig, ax = plt.subplots()

x = [1, 2, 3]
y = [10, 2, 3]
ax.bar(x, y)                              # 绘制柱状图

plt.show()
```

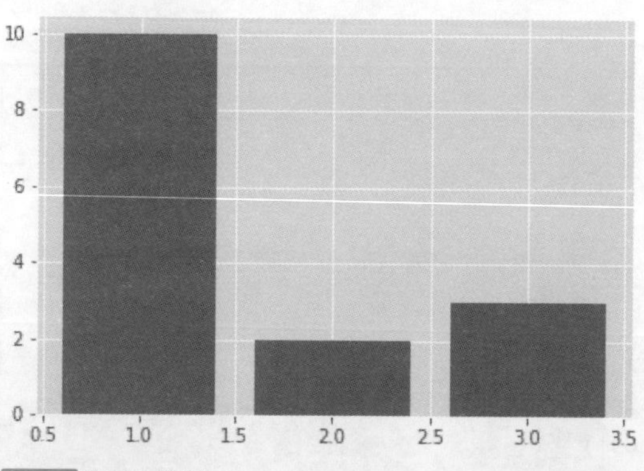
图4.14 绘制柱状图

可以使用bar方法的tick_label参数为刻度指定任何标签，如图4.15所示。

In

```
fig, ax = plt.subplots()

x = [1, 2, 3]
y = [10, 2, 3]
labels = ['spam', 'ham', 'egg']
ax.bar(x, y, tick_label=labels)          # 指定标签

plt.show()
```

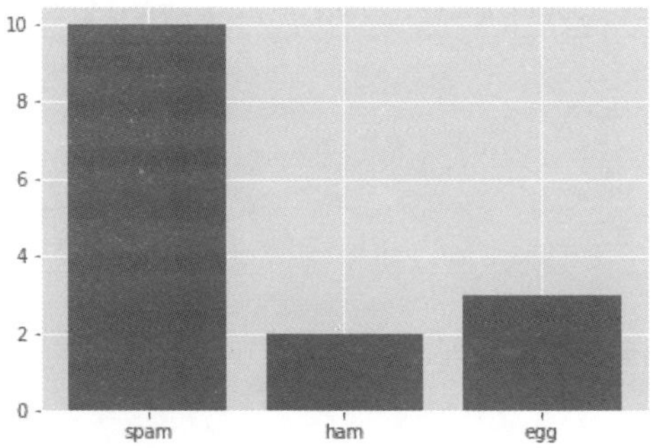

图4.15 绘制带有刻度线标签的柱状图

要绘制水平柱状图，可以使用barh方法。其基本用法与bar方法相同。将上一代码中的bar部分重写为barh，可以绘制水平柱状图，如图4.16所示。

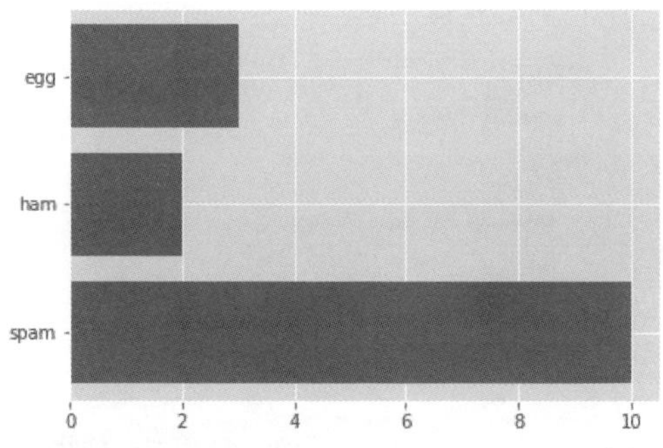

图4.16 绘制水平柱状图

如果要并排显示多个柱状图，则必须指定柱状图的宽度。下面的示例就是通过将第2个柱状图的x坐标移动来指定宽度（0.4），绘制出了两个柱状图，如图4.17所示。

In

```
fig, ax = plt.subplots()


x = [1, 2, 3]
y1 = [10, 2, 3]
y2 = [5, 3, 6]
labels = ['spam', 'ham', 'egg']

width = 0.4  # 柱状图宽度为0.4
ax.bar(x, y1, width=width, tick_label=labels,  label='y1')  #按宽度绘制



# 通过改变宽度绘制柱状图
x2 = [num + width for num in x]
ax.bar(x2, y2, width=width, label='y2')

ax.legend()

plt.show()
```

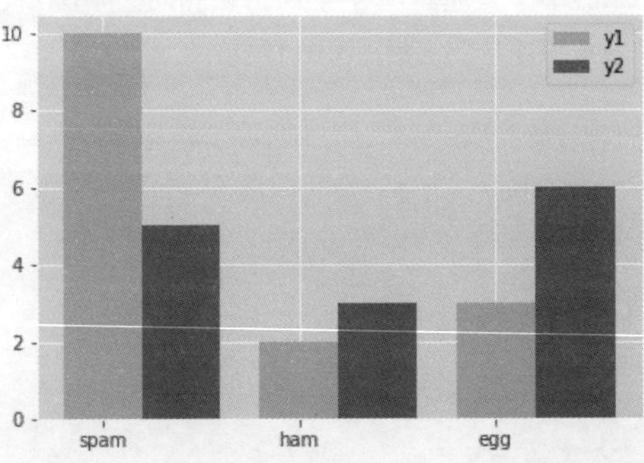

图4.17 并排绘制多个柱状图

绘制堆叠柱状图时，例如，如果有两个值，则首先绘制两个值相加的柱状图，然后在柱状图中仅绘制其中一个值，下面的代码将y_total与y1和y2相加，绘制整个柱状图后，再单独绘制y2柱状图，如图4.18所示。

如果累计数超过3个，则重复执行上述相同的操作。

利用标准库进行实践分析

In

```
fig, ax = plt.subplots()


x = [1, 2, 3]
y1 = [10, 2, 3]
y2 = [5, 3, 6]
labels = ['spam', 'ham', 'egg']

# 存储y1和y2相加的值
y_total = [num1 + num2 for num1, num2 in zip(y1, y2)]

# 绘制高度为y1和y2之和的柱状图
ax.bar(x, y_total, tick_label=labels, label='y1')
ax.bar(x, y2, label='y2')
ax.legend()

plt.show()
```

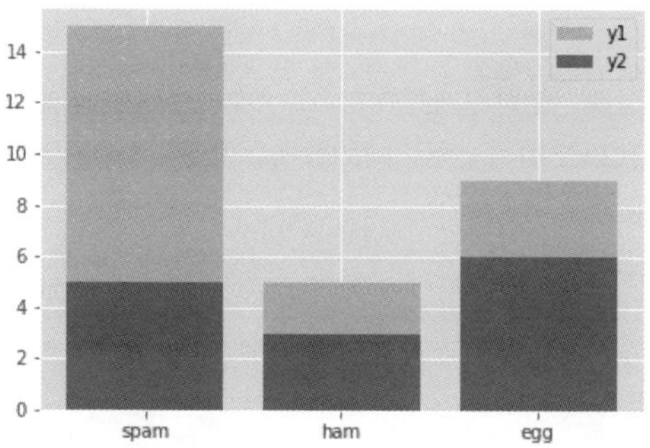

图4.18 绘制堆叠柱状图

散点图

若要创建散点图，可以使用scatter方法。下面是50个随机生成元素的散点图，如图4.19所示。在这里，为了再现与本书相同的散点图，指定了随机种子数seed。

In

```
fig, ax = plt.subplots()
```

```
# 随机生成50个元素
np.random.seed(123)
x = np.random.rand(50)
y = np.random.rand(50)

ax.scatter(x, y)                                    # 绘制散点图

plt.show()
```

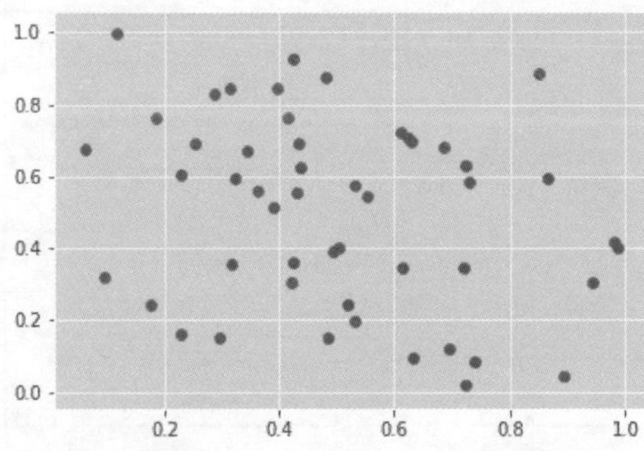

图4.19 绘制散点图

默认情况下，每个标记都是圆形的，但可以通过在marker参数中指定标记的形状以实现各种类型的标记。下面的代码使用与上面相同的数据，但使用5个不同形状的标记绘制了散点图，如图4.20所示。

In

```
fig, ax = plt.subplots()

# 随机生成50个元素
np.random.seed(123)
x = np.random.rand(50)
y = np.random.rand(50)

ax.scatter(x[0:10], y[0:10], marker='v',
           label='triangle down')          # 倒三角
ax.scatter(x[10:20], y[10:20], marker='^',
           label='triangle up')            # 正三角
ax.scatter(x[20:30], y[20:30], marker='s',
```

```
            label='square')                # 正方形
ax.scatter(x[30:40], y[30:40], marker='*',
            label='star')                  # 星形
ax.scatter(x[40:50], y[40:50], marker='x',
            label='x')                     # X
ax.legend()

plt.show()
```

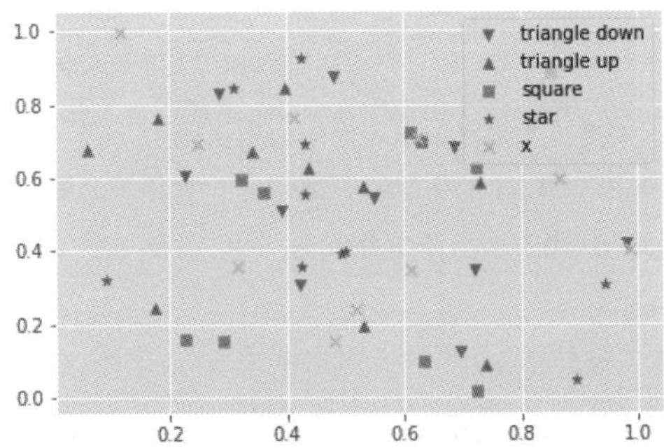

图4.20 通过更改标记绘制散点图

直方图

要绘制直方图，可以使用hist方法。通过下面的代码在直方图中绘制一个符合正态分布的随机值，如图4.21所示。

In

```
# 生成数据
np.random.seed(123)
mu = 100                                   # 平均值
sigma = 15                                 # 标准差
x = np.random.normal(mu, sigma, 1000)

fig, ax = plt.subplots()

# 绘制直方图
n, bins, patches = ax.hist(x)

plt.show()
```

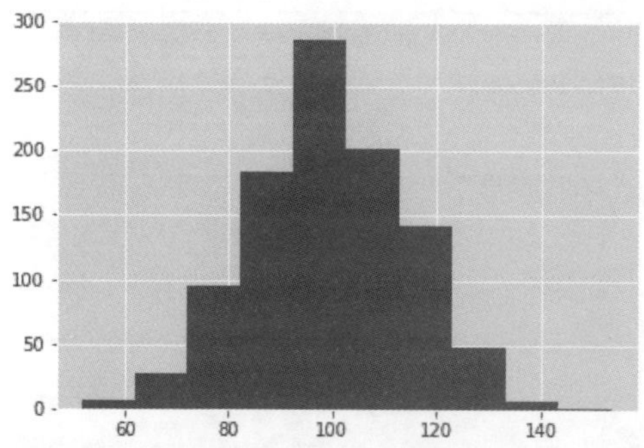

图4.21 绘制直方图

hist方法的返回值可以在第3章中描述的频率分布表中作为数据使用。n包含每个bin（条形）的频率（元素数），bins包含bin的边界值，patches包含用于绘制bin的信息。使用n和bins，可以在下面的代码中输出频率分布表。

In

```
for i, num in enumerate(n):
    print('{:.2f} - {:.2f}: {}'.format(bins[i], bins[i + 1], num))
```

Out

```
51.53 - 61.74: 7.0
61.74 - 71.94: 27.0
71.94 - 82.15: 95.0
82.15 - 92.35: 183.0
92.35 - 102.55: 286.0
102.55 - 112.76: 202.0
112.76 - 122.96: 142.0
122.96 - 133.17: 49.0
133.17 - 143.37: 7.0
143.37 - 153.57: 2.0
```

可以通过在hist方法的bins参数中指定任何数字来更改bin的数量。默认情况下，bin的数量为10，但通过下面的代码可以为相同的数据绘制更精细的直方图，如图4.22所示。

In

```
fig, ax = plt.subplots()
```

```
ax.hist(x, bins=25)                # 指定bin的数量并绘制

plt.show()
```

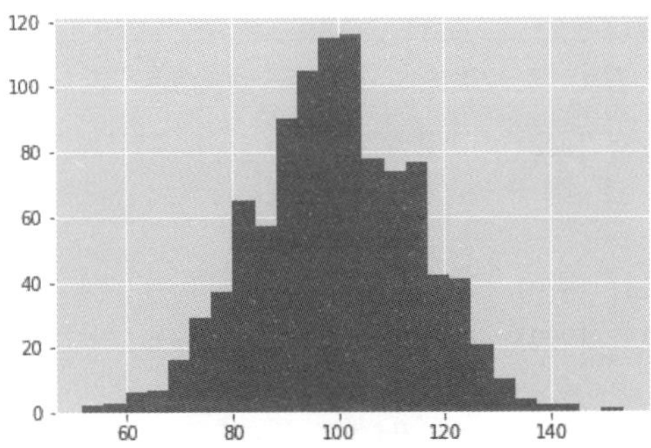

图4.22 指定bin的数量以绘制更精细的直方图

如果将orientation='horizontal'指定为hist方法的参数，则可以绘制横向直方图，如图4.23所示。

In

```
fig, ax = plt.subplots()

# 绘制横向直方图
ax.hist(x, orientation='horizontal')

plt.show()
```

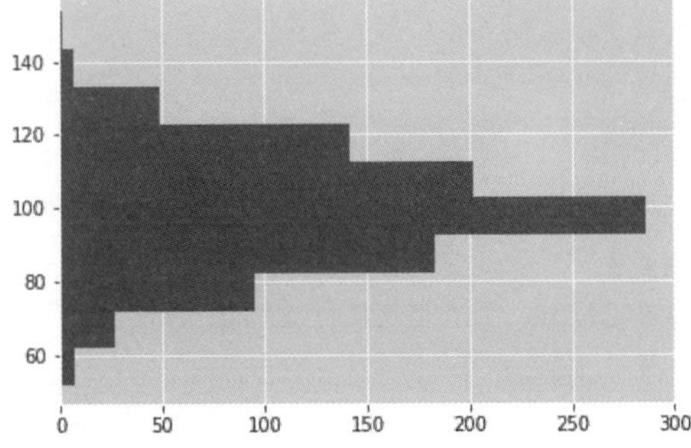

图4.23 绘制横向直方图

与柱状图不同，直方图在指定多个值时会自动横向排列显示。下面的示例以遵循正态分布的不同随机数创建3种数据（x0、x1和x2），并以直方图排列显示，如图4.24所示。

In

```
# 生成数据
np.random.seed(123)
mu = 100  # 平均值
x0 = np.random.normal(mu, 20, 1000)

# 以不同的标准差生成数据
x1 = np.random.normal(mu, 15, 1000)
x2 = np.random.normal(mu, 10, 1000)

fig, ax = plt.subplots()

labels = ['x0', 'x1', 'x2']
# 绘制3种数据的直方图
ax.hist((x0, x1, x2), label=labels)
ax.legend()

plt.show()
```

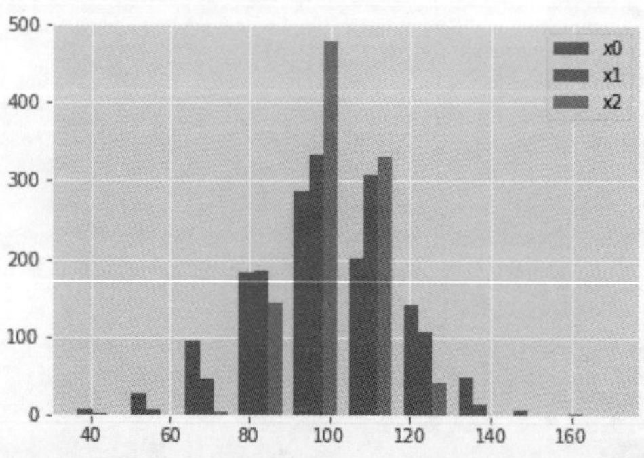

图4.24 平铺直方图

此外，如果hist方法的参数为stacked=True，则会呈现堆叠直方图，如图4.25所示。

In

```
fig, ax = plt.subplots()
```

```
labels = ['x0', 'x1', 'x2']
# 绘制堆叠直方图
ax.hist((x0, x1, x2), label=labels, stacked=True)
ax.legend()


plt.show()
```

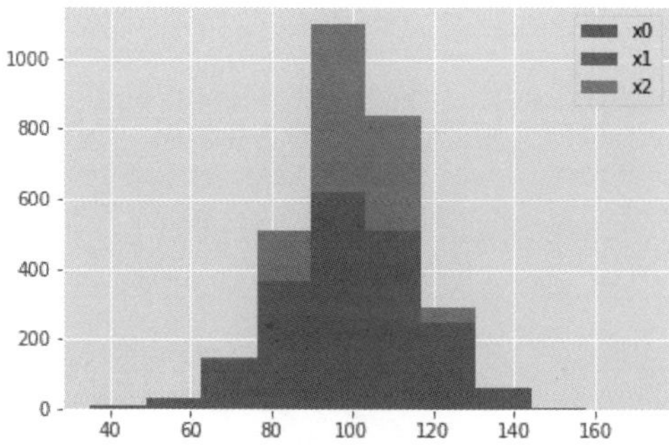

图4.25 绘制堆叠直方图

箱形图

可以使用boxplot方法绘制箱形图。通过下面的代码绘制3种数据(x0、x1和x2)的箱形图，如图4.26所示。

In

```
# 以不同的标准差生成数据
np.random.seed(123)
x0 = np.random.normal(0, 10, 500)
x1 = np.random.normal(0, 15, 500)
x2 = np.random.normal(0, 20, 500)

fig, ax = plt.subplots()
labels = ['x0', 'x1', 'x2']
ax.boxplot((x0, x1, x2), labels=labels)            # 绘制箱形图

plt.show()
```

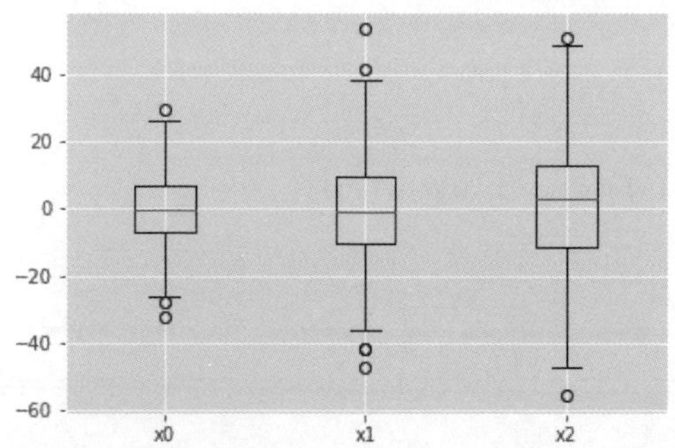

图4.26 绘制箱形图

如果boxplot方法的参数为vert=False，则会绘制一个横向箱形图，如图4.27所示。

In

```
fig, ax = plt.subplots()
labels = ['x0', 'x1', 'x2']
# 绘制横向箱形图
ax.boxplot((x0, x1, x2), labels=labels, vert=False)

plt.show()
```

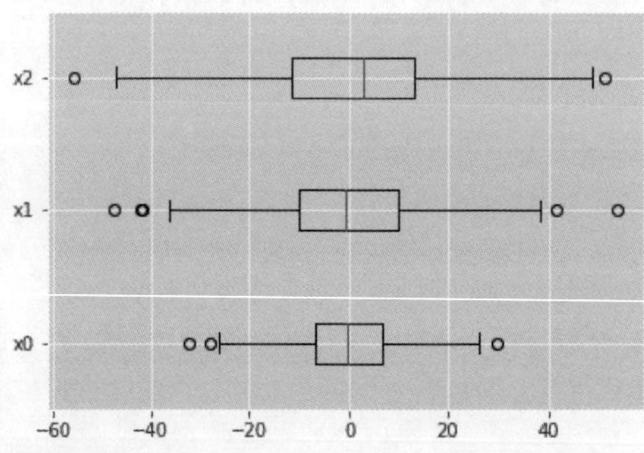

图4.27 绘制横向箱形图

饼图

使用pie方法绘制饼图，如图4.28所示。

In

```
labels = ['spam', 'ham', 'egg']
x = [10, 3, 1]

fig, ax = plt.subplots()

ax.pie(x, labels=labels)          # 绘制饼图

plt.show()
```

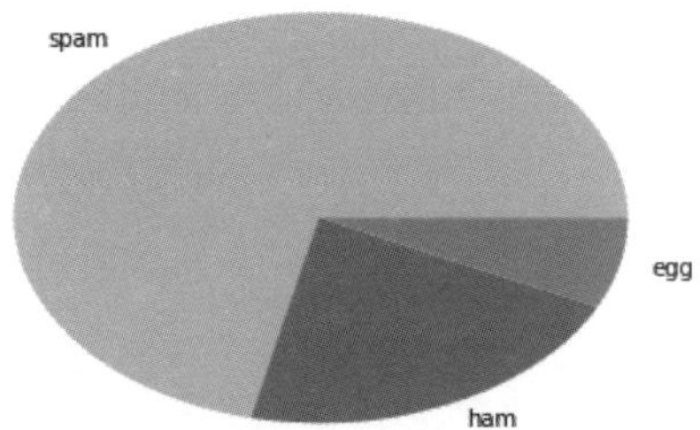

图4.28 绘制饼图

在上面的示例中，饼图变形为椭圆形以适合绘图区域。要绘制圆形，需要为子图指定axis('equal')以保持纵横比，如图4.29所示。

In

```
fig, ax = plt.subplots()

ax.pie(x, labels=labels)
ax.axis('equal')                  # 按纵横比绘制

plt.show()
```

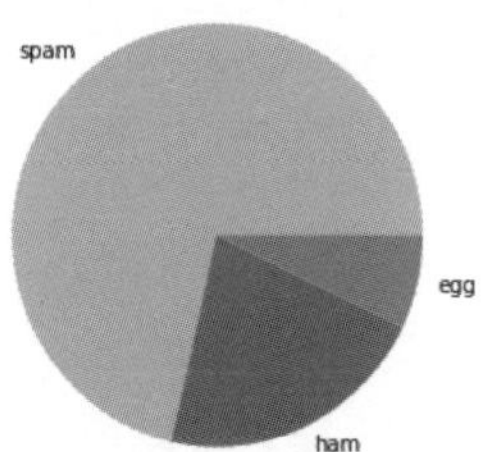

图4.29 保持纵横比绘制饼图

默认情况下，饼图按从右侧（时钟的3点位置）逆时针顺序排列元素。也可指定startangle=90（90° 的位置）实现从顶部（时钟的12点位置）开始绘制，或指定counterclock=False实现顺时针排列，如图4.30所示。

In

```
fig, ax = plt.subplots()


ax.pie(x, labels=labels, startangle=90,
       counterclock=False)                  # 从顶部开始顺时针绘制
ax.axis('equal')


plt.show()
```

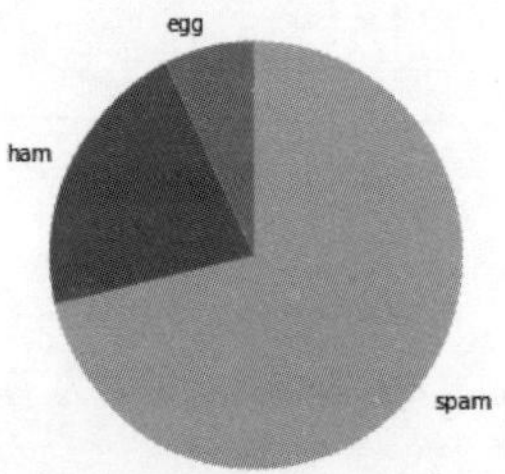

图4.30 从顶部开始顺时针绘制饼图

指定shadow=True可以在饼图上添加阴影。如果指定autopct='%1.2 f%%'，则将添加值的百分比表示法，可以指定autopct显示的位数，如图4.31所示。

In

```
fig, ax = plt.subplots()


ax.pie(x, labels=labels, startangle=90,
       counterclock=False,
       shadow=True, autopct='%1.2f%%')   #添加阴影和%标记
ax.axis('equal')


plt.show()
```

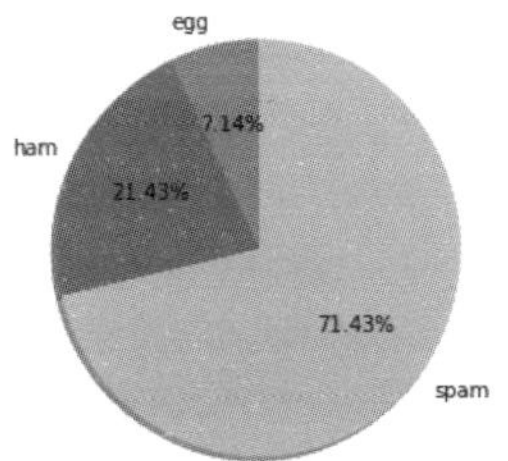

图4.31 绘制添加了阴影和百分比符号的饼图画

在饼图中，可以使用explode参数的值显示元素，以突出某些值。通过下面的代码可剪切并显示第1个元素，如图4.32所示。

In

```
explode = [0, 0.2, 0]              # 切出第1个元素（ham）

fig, ax = plt.subplots()

ax.pie(x, labels=labels, startangle=90,
       counterclock=False,
       shadow=True, autopct='%1.2f%%',
       explode=explode)            # 指定explode
ax.axis('equal')

plt.show()
```

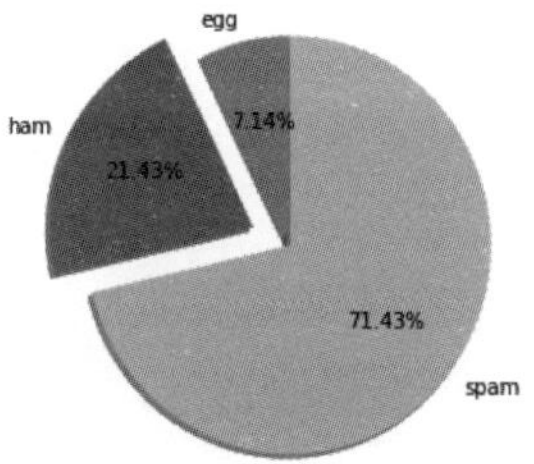

图4.32 绘制切出ham的饼图

组合多个图表

也可以组合绘制多个图表。用下面的代码可在同一个子图上绘制柱状图和折线图，如图4.33所示。

In

```
fig, ax = plt.subplots()

x1 = [1, 2, 3]
y1 = [5, 2, 3]
x2 = [1, 2, 3, 4]
y2 = [8, 5, 4, 6]
ax.bar(x1, y1, label='y1')                    # 绘制柱状图
ax.plot(x2, y2, label='y2')                   # 绘制折线图
ax.legend()

plt.show()
```

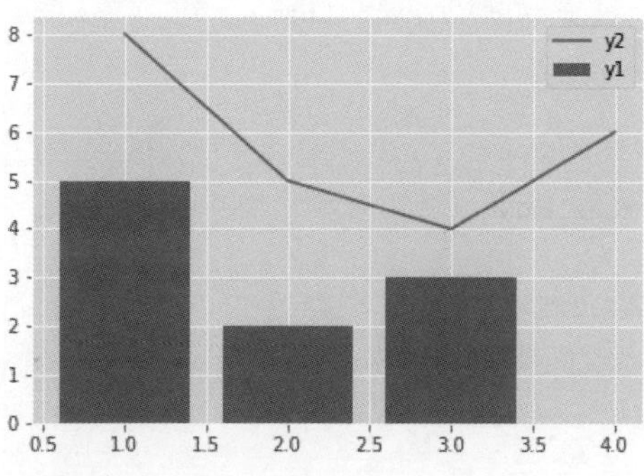

图4.33 混合绘制柱状图和折线图

同样，也可以通过向直方图添加折线图来绘制近似曲线，如图4.34所示。

In

```
np.random.seed(123)
x = np.random.randn(1000)                     # 生成正态分布随机数

fig, ax = plt.subplots()

# 绘制直方图
counts, edges, patches = ax.hist(x, bins=25)

# 求近似曲线中使用的点(直方图bin的中点)
x_fit = (edges[:-1] + edges[1:]) / 2
# 绘制近似曲线
y = 1000 * np.diff(edges) * np.exp(-x_fit**2 / 2) / np.sqrt(2 * np.pi)
```

```
ax.plot(x_fit, y)


plt.show()
```

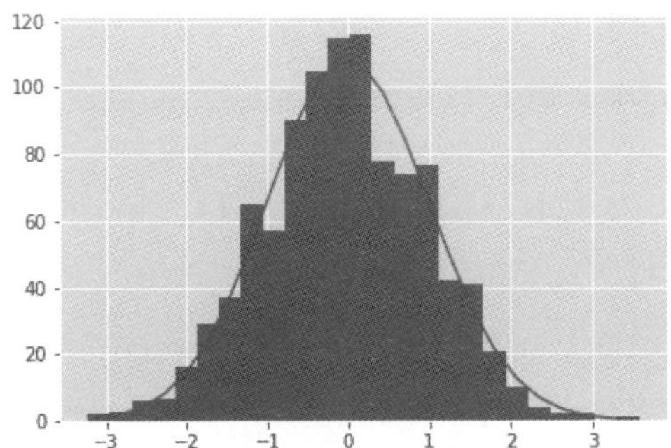

图4.34 混合绘制直方图和近似曲线

4.3.4 样式

本小节介绍如何为图表指定不同的样式。

颜色设置

可以为图表中显示的各种元素指定颜色，包括线条、背景和边框。参考以下代码，使用plot方法的color参数指定线条颜色，如图4.35所示。

In

```
fig, ax = plt.subplots()

# 按名称指定线条颜色
ax.plot([1, 3], [3, 1], label='aqua', color='aqua')
# 以十六进制RGB表示
ax.plot([1, 3], [1, 3], label='#0000FF', color='#0000FF')
# 使用浮点指定RGBA
ax.plot([1, 3], [2, 2], label='(0.1, 0.2, 0.5, 0.3)',
        color=(0.1, 0.2, 0.5, 0.3))
ax.legend()                          # 显示图例

plt.show()
```

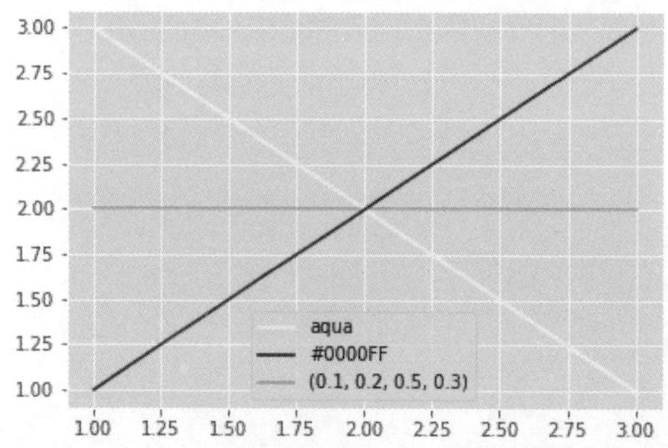

图4.35 指定折线图的颜色

如上所述，有几种指定颜色的方法。第1个示例是字符串中的颜色规范，可以在HTML、X11或CSS4中定义颜色名称。第2个示例是十六进制RGB规范，还可以通过在后面添加两个字符来指定Alpha值（透明度）。第3个示例是一个0~1的浮点值（注意不是十六进制值），如果元组中有3个数字，则为RGB。

可以为柱状图和散点图指定color和edgecolor参数。color参数指定填充颜色，edgecolor参数指定边框颜色。下面的代码绘制一个仅带有填充颜色的柱状图和一个带有边框颜色的柱状图，如图4.36所示。

In

```
fig, ax = plt.subplots()

ax.bar([1], [3], color='aqua')              # 指定填充颜色
# 指定填充颜色和边框颜色
ax.bar([2], [4], color='aqua', edgecolor='black')

plt.show()
```

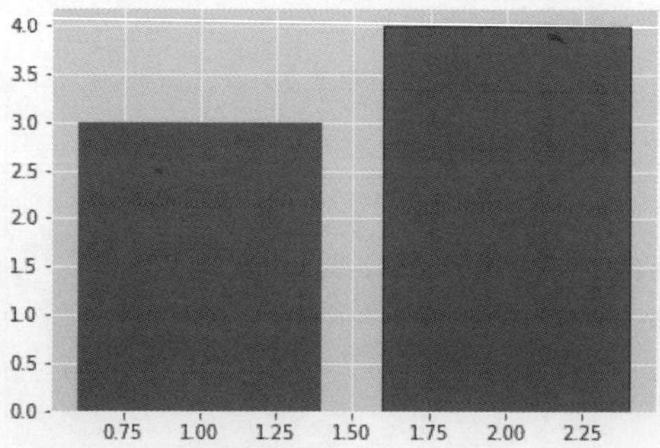

图4.36 指定柱状图的颜色

线条样式

可以将各种样式应用于不同的线条，如折线、图表边框线和分隔线。linewidth参数允许更改线宽，单位是点宽，如图4.37所示。

In

```
fig, ax = plt.subplots()

# 用5.5点宽的线条绘制
ax.plot([1, 3], [3, 1], linewidth=5.5, label='5.5')
# 用10点宽的线条绘制
ax.plot([1, 3], [1, 3], linewidth=10, label='10')
ax.legend()

plt.show()
```

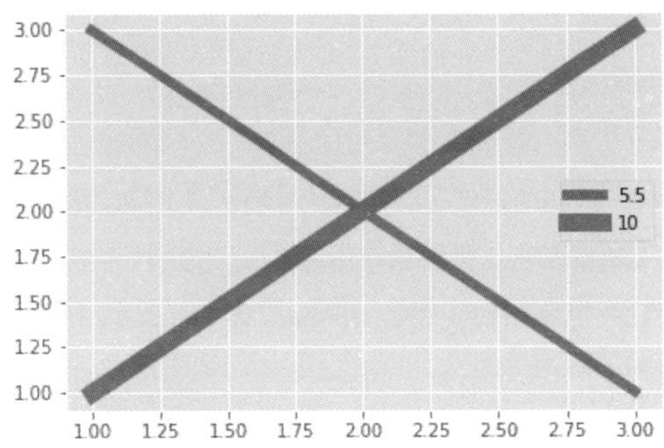

图4.37 指定线条宽度

还可以使用linestyle参数指定线条类型。下面的代码将使用虚线（--）、点画线（—.）和点线（.）绘制，如图4.38所示。

In

```
fig, ax = plt.subplots()

# 用虚线绘制
ax.plot([1, 3], [3, 1], linestyle='--', label='dashed')
# 用点画线绘制
ax.plot([1, 3], [1, 3], linestyle='-.', label='dashdot')
# 用点线绘制
```

```
ax.plot([1, 3], [2, 2], linestyle='.', label='dotted')
ax.legend()

plt.show()
```

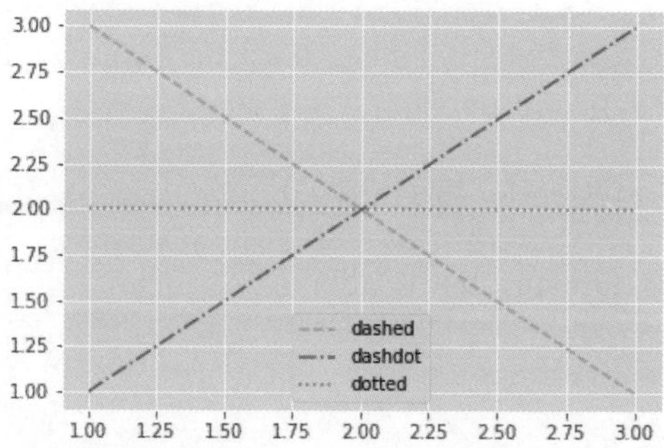

图4.38 指定线条类型

◎ 字体

我们也可以为文本（如标题、图例和轴标签）设置样式；可以使用size参数指定字体大小（以磅为单位），使用weight参数指定字体粗细（light、bold等）；还可以使用family参数指定字体类型，默认状态下可以选用serif、sansserif、cursive、fantasy和monospace字体。

下面是使用这些参数为字体指定样式的代码示例，如图4.39所示。

In

```
fig, ax = plt.subplots()


ax.set_xlabel('xlabel', family='fantasy', size=20,
              weight='bold')
ax.set_ylabel('ylabel', family='cursive', size=40,
              weight='light')
ax.set_title('graph title', family='monospace',
             size=25, weight='heavy')

plt.show()
```

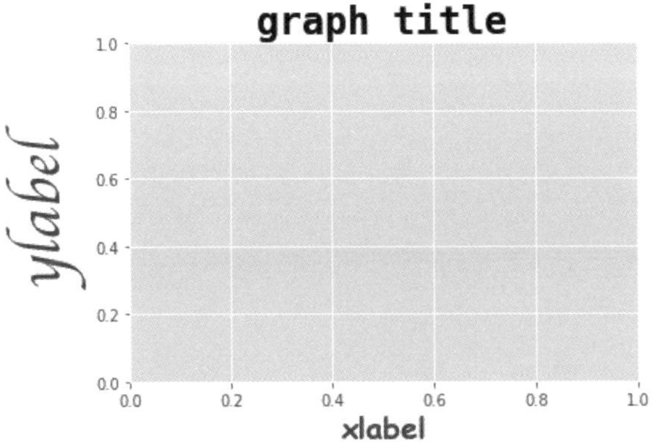

图4.39 字体样式的指定

如果需要在不同的位置指定相同的字体，使用参数可能会很麻烦。我们可以将字体设置创建为字典数据，并在fontdict参数中进行一次性指定。

下面的代码为x轴、y轴和标题指定了相同的字体样式，如图4.40所示。

In

```
# 在字典中定义字体样式
fontdict = {
    'family': 'fantasy',
    'size': 20,
    'weight': 'normal',
}

fig, ax = plt.subplots()

# 使用词典样式指定字体样式
ax.set_xlabel('xlabel', fontdict=fontdict)
ax.set_ylabel('ylabel', fontdict=fontdict)
# 可以用单独指定的大小进行覆盖
ax.set_title('graph title', fontdict=fontdict, size=40)

plt.show()
```

在上面的示例中，set_title方法直接指定了size参数，因此子图的标题将被绘制为40pt，而不是字典中定义的20pt。

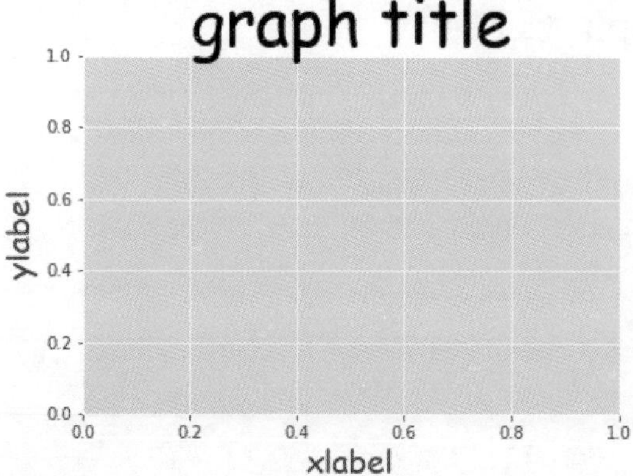

图4.40 使用词典样式指定字体样式

添加文本

可以使用text方法在图表中添加任何文本。第1个参数和第2个参数是要添加文本左下角的x和y坐标。指定参数的方法与设置字体样式的操作类似，如图4.41所示。

In

```
fig, ax = plt.subplots()

ax.text(0.2, 0.4, 'Text', size=20)        # 添加内容为Text 的文本

plt.show()
```

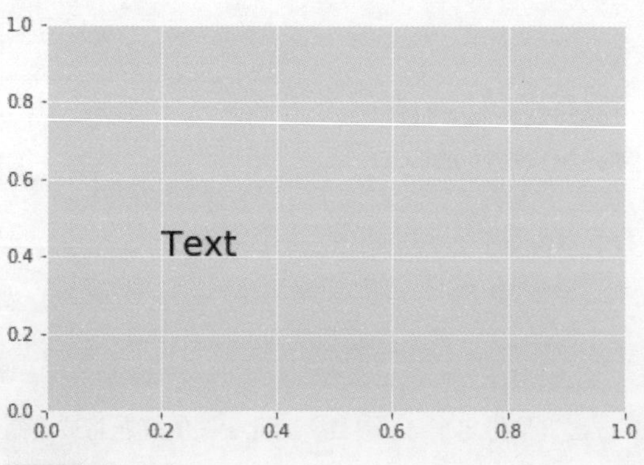

图4.41 添加文本

通过pandas对象绘制图表

我们可以通过在pandas的DataFrame、Series中绘制图表。绘制此图表时也会在内部使用Matplotlib。虽然它们不能对表现形式进行细致调整或对多个图表进行整合，但是DataFrame和Series中的数据可以很容易地实现可视化，因此大家可以根据需要灵活运用这些工具。

通过调用plot方法，我们可以用DataFrame绘制折线图，如图4.42所示。

In

```
import pandas as pd
import matplotlib.style
import matplotlib.pyplot as plt

matplotlib.style.use('ggplot')          #指定样式

# 生成DataFrame
df = pd.DataFrame({'A': [1, 2, 3], 'B': [3, 1, 2]})
df.plot()                               # 绘制折线图
plt.show()
```

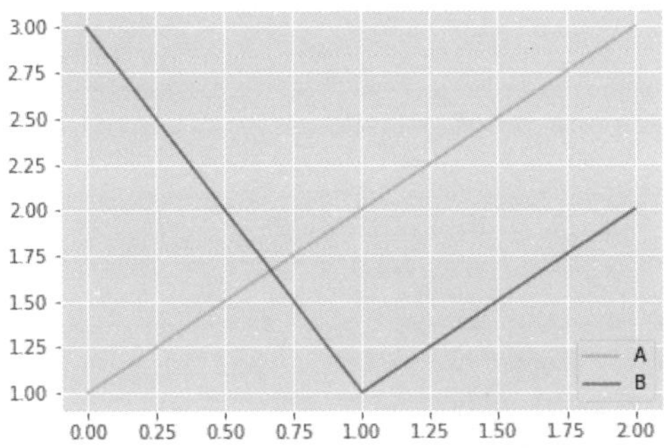

图4.42 在DataFrame中绘制折线图

柱状图的绘制需要使用plot.bar。如果存在多个数据，柱状条会自动以并排形式排列，如图4.43所示。

In

```
import numpy as np

# 随机生成3行2列数据并创建DataFrame
```

```
np.random.seed(123)
df2 = pd.DataFrame(np.random.rand(3, 2),
                   columns=['y1', 'y2'])

df2.plot.bar()                    # 绘制柱状图
plt.show()
```

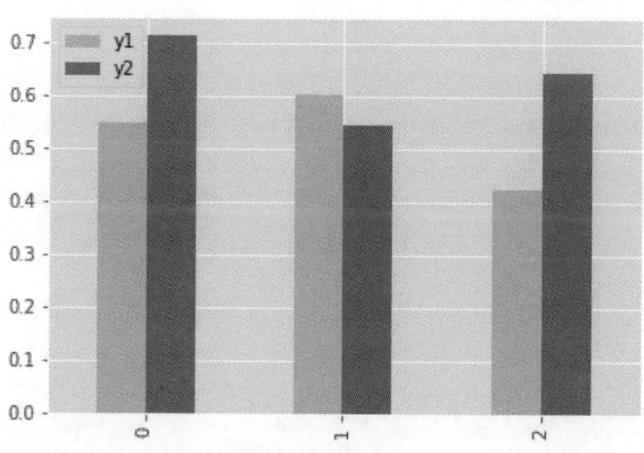

图4.43 在DataFrame中绘制柱状图

我们可以通过指定stacked=True参数绘制堆叠柱状图，如图4.44所示。

In

```
df2.plot.bar(stacked=True)        # 绘制堆叠柱状图
plt.show( )
```

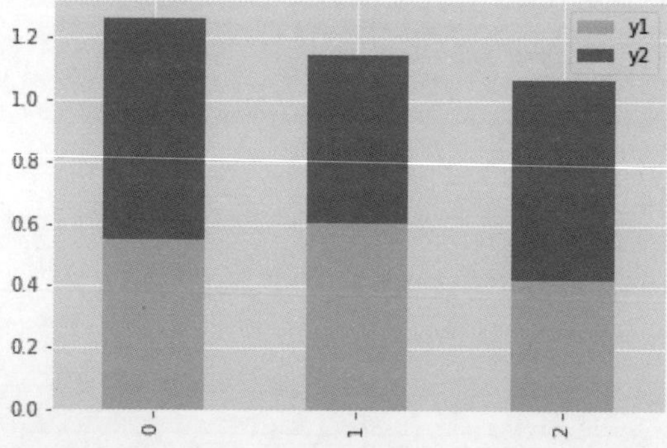

图4.44 在DataFrame中绘制堆叠柱状图

我们还可以用plot.barh绘制水平柱状图，用plot.scatter绘制散点图，用plot.hist

绘制直方图，用plot.box绘制箱形图，用plot.pie绘制饼状图。详细信息请参阅以下页面。

● Visualization – pandas documentation

URL https://pandas.pydata.org/pandas-docs/stable/visualization.html

4.4 scikit-learn

scikit-learn是包括机器学习在内的数据挖掘（利用统计和机器学习等从数据中提取知识的技术领域）和数据分析的库。scikit-learn作为在Python中执行的深层学习以外的机器学习软件包，已成为事实上的标准。

4.4.1 预处理

在应用机器学习算法前，应该先了解数据的特征并对其进行预处理。预处理是一个非常重要的过程，可以说，它占据了数据分析的80%~90%。本小节包括以下内容：

- 缺失值的处理。
- 类别变量编码。
- 特征量规范化。

以下是使用scikit-learn的预处理。关于使用pandas的预处理，在第4.2节中也进行了说明。与pandas相比，将scikit-learn实例化并使用fit和transform方法（或使用fit_transform方法同时执行这两个操作）。因此，scikit-learn具有界面统一和易于理解的优点。

缺失值的处理

在数据收集中，由于测量系统和通信系统的缺陷，会有出现缺失值的情况。在数据分析中经常遇到缺失值。若保留缺失值，会使后续分析变得困难，因此，应当对此采取适当措施。

处理缺失值的方法大致可分为以下两种：

- 删除缺失值。
- 补全缺失值。

下面将分别进行详细说明，并且在每个说明中使用以下所提供的DataFrame示例。

In

```
import numpy as np
import pandas as pd
# 创建样本数据集
```

```
df = pd.DataFrame(
    {
        'A': [1, np.nan, 3, 4, 5],
        'B': [6, 7, 8, np.nan, 10],
        'C': [11, 12, 13, 14, 15]
    }
)
df
```

Out

	A	B	C
0	1.0	6.0	11
1	NaN	7.0	12
2	3.0	8.0	13
3	4.0	NaN	14
4	5.0	10.0	15

上述代码创建一个5×3矩阵DataFrame。列A在第2行上有缺失值（NaN），列B在第4行上有缺失值（NaN）。缺失值在NumPy库中以NaN表示。

删除缺失值

删除缺失值即删除缺失值的行或列的过程。首先应该检查DataFrame中的每个元素是否为缺失值，此过程应使用DataFrame的isnull方法完成。

In

```
# 确认各要素是否为缺失值
df.isnull()
```

Out

	A	B	C
0	False	False	False
1	True	False	False
2	False	False	False
3	False	True	False
4	False	False	False

可以验证出列A的第2行以及列B的第4行为True，其他元素为False。

如果要删除有缺失值的行或列，请使用DataFrame的dropna方法。相关的详细信息，请参阅第4.2节中的“缺失值的处理”内容。

1
2
3
4
5

利用标准库进行实践分析

补全缺失值

补全缺失值即替换缺失值的过程。分配给缺失值的是特征量的平均值、中位数、众数等。在删除缺失值里使用的DataFrame中，如果使用平均值补全，则如下所示。

● 列A的平均值通过以下公式计算。

$$\frac{1+3+4+5}{4}=325 \tag{4.1}$$

将该值替换为第2行中的缺失值。

● 列B的平均值通过以下公式计算。

$$\frac{6+7+8+10}{4}=7.75 \tag{4.2}$$

将该值替换为第4行中的缺失值。

可以使用pandas DataFrame的fillna方法和scikit-learn的preprocessing模块中的Imputer类来补全缺失值。前者在第4.2节的“缺失值的处理”中进行了说明，故在此对后者进行解释。以下示例通过平均值进行补全。

In

```
from sklearn.preprocessing import Imputer
# 创建一个用平均值补全缺失值的实例
imp = Imputer(strategy='mean', axis=0)
# 补全缺失值
imp.fit(df)
imp.transform(df)
```

Out

```
array([[ 1.  ,  6.  , 11.  ],
       [ 3.25,  7.  , 12.  ],
       [ 3.  ,  8.  , 13.  ],
       [ 4.  ,  7.75, 14.  ],
       [ 5.  , 10.  , 15.  ]])
```

从得到的结果来看，列A的第2行变成了3.25，列B的第4行变成了7.75，可以由此确认执行了指定的处理。请注意，虽然transform方法中指定了pandas 的

DataFrame，但返回值是NumPy数组。Imputer类参数的含义见表4.2。

表4.2 Imputer类参数的含义说明

参　数	说　明
strategy	指定用字符串补全缺失值的方法。可以选择mean（平均值）、median（中位数）或most_frequent（众数）
axis	指定用于计算补全值的轴。axis=0计算列，axis=1计算行。默认值为axis=0，按列方向进行计算

类别变量编码

类别变量是指在几个有限的值中，如血型和职业等，表示属于哪一个值的变量。

In

```
import pandas as pd
df = pd.DataFrame(
    {
        'A': [1, 2, 3, 4, 5],
        'B': ['a', 'b', 'a', 'b', 'c']
    }
)
df
```

Out

	A	B
0	1	a
1	2	b
2	3	a
3	4	b
4	5	c

列B包含3个值：a、b、c，这是类别变量的示例。当需要在机器学习中处理类别变量时，必须将其转换为数字，才能让计算机更容易处理。下面介绍两种方法：

- 类别变量编码。
- 独热编码（One-Hot编码）。

类别变量编码

类别变量编码是指将分类变量转换为数值（整数）的过程，如“a→0，b→1，

c→2”。如果要使用scikit-learn的编码分类变量，请使用预处理模块的LabelEncoder。下面的代码对先前创建的DataFrame的category变量进行编码。

In

```
from sklearn.preprocessing import LabelEncoder
# 生成标签编码器的实例
le = LabelEncoder()

le.fit(df['B'])
le.transform(df['B'])
```

Out

```
array([0, 1, 0, 1, 2])
```

从结果来看，列B中的值分别为0，1，0，1，2。这意味着a被转换为0，b被转换为1，c被转换为2。通过LabelEncoder实例的classes_属性，可以查看转换后的值与原始值之间的对应关系。

In

```
# 查看原始值
le.classes_
```

Out

```
array(['a', 'b', 'c'], dtype=object)
```

结果显示，原始值按a，b，c的顺序存储，每个值对应于0，1，2。

One-Hot编码

One-Hot编码即分类变量的编码过程。对表格数据的类别变量列进行转换，使其按可能的值递增，并仅在每行的对应值列输入1，在其他列输入0，以此来转换表格数据的分类变量列。One-Hot编码在生成输入机器学习的数据时，经常用于类别变量的转换等诸多用途。

举个例子，请思考以下数据。这是一个5×2矩阵数据，其中列A包含数字，列B包含a、b和c字符串。

	A	B
1	1	a
2	2	b
3	3	a
4	4	b
5	5	c

通过One-Hot编码，该数据的转换如下。

	A	B_a	B_b	B_c
1	1	1	0	0
2	2	0	1	0
3	3	1	0	0
4	4	0	1	0
5	5	0	0	1

在转换后的数据中，原始列B扩展为3列：B_a、B_b和B_c。转换规则如下：

- 当a被输入列B时，1被输入转换后的列B_a中，0被输入列B_b和B_c中。
- 当b被输入列B时，0被输入转换后的列B_a和B_c中，1被输入列B_b中。
- 当c被输入列B时，0被输入转换后的列B_a和B_b中，1被输入列B_c中。

假设在原始数据的列B中输入了3个值a、b和c。概括地说，One-Hot编码方式将*K*个值列展开为*K*个列，并将其转换为每行仅为具有相应值的列输入1，其余列输入0。One-Hot编码也称为虚拟变量编码，生成的列变量也称为虚拟变量。

如果要进行One-Hot编码，请在使用scikit-learn时使用预处理模块的OneHotEncoder，或者在使用pandas时使用get_dummies函数。在这两种方法中，后一种方法的get_dummies函数更易于使用，并且更直观。有关get_dummies函数的详细信息，请参见第4.2节中的“插入组合数据”部分。这里介绍OneHotEncoder。

在先前创建的DataFrame的列B上使用scikit-learn执行One-Hot编码。首先，执行LabelEncoder将a转换为1，将b转换为2，将c转换为3，然后使用OneHotEncoder执行One-Hot编码。

In

```
from sklearn.preprocessing import LabelEncoder, OneHotEncoder
# 复制DataFrame
df_ohe = df.copy()
# 标签编码器实例化
```

```
le = LabelEncoder()
# 将a、b、c转换为1、2、3
df_ohe['B'] = le.fit_transform(df_ohe['B'])
# One-Hot编码器实例化
ohe = OneHotEncoder(categorical_features=[1])
# One-Hot编码
ohe.fit_transform(df_ohe).toarray()
```

Out

```
array([[1., 0., 0., 1.],
       [0., 1., 0., 2.],
       [1., 0., 0., 3.],
       [0., 1., 0., 4.],
       [0., 0., 1., 5.]])
```

注意，在实例化OneHotEncoder类时，该列表指定要转换为参数categorical_features的列号。此外，OneHotEncoder类的实例在使用fit_transform方法进行转换时会返回稀疏矩阵（sparse matrix）。稀疏矩阵是指矩阵的许多分量为零的矩阵。相反，许多分量不为零的矩阵称为密集矩阵（dense matrix）。使用toarray方法将稀疏矩阵（scipy.sparse格式）转换为由Numpy数组表示的稀疏矩阵。

特征量规范化

特征量规范化是指对特征量大小的处理。例如，一个特征量的值是两位数（几十的数量级），另一个特征量的值是四位数（几千的数量级）。在这种情况时，受后者特征量影响，前者特征量容易被轻视。为了防止出现这种情况，必须对两个特征量进行比例调整，使其顺序相同。下面介绍两种规范化方法：方差规范化和最小/最大值规范化。

方差规范化

方差规范化是转换元素的过程，因此元素的平均值为0，标准差为1。有时称为标准化或z变换，公式如下。

$$x' = \frac{x-\mu}{\sigma} \tag{4.3}$$

其中，x表示特征量；x'表示分布式规范化特征量；μ是此特征量的平均值；σ是标准差。

先看一个简单的示例，创建一个由两个数字列组成的DataFrame。第1列A列包含1~5之间的整数，第2列B列包含100、200、400、500和800共5个整数。

In

```
import pandas as pd
# 创建DataFrame
df = pd.DataFrame(
    {
        'A': [1, 2, 3, 4, 5],
        'B': [100, 200, 400, 500, 800]
    }
)
df
```

Out

	A	B
0	1	100
1	2	200
2	3	400
3	4	500
4	5	800

对创建的DataFrame执行方差规范化。每列的平均值和标准差如下所示。

列A的平均值通过以下公式计算。

$$\frac{1+2+3+4+5}{5}=3 \tag{4.4}$$

其标准差通过以下公式计算。

$$\sqrt{\frac{1}{5}\{(1-3)^2+(2-3)^2+(3-3)^2+(4-3)^2+(5-3)^2\}}=\sqrt{2}=1.41421356 \tag{4.5}$$

列B的平均值通过以下公式计算。

$$\frac{100+200+400+500+800}{5}=400 \tag{4.6}$$

其标准差通过以下公式计算。

$$\sqrt{\frac{1}{5}\{(100-400)^2+(200-400)^2+(400-400)^2+(500-400)^2+(800-400)^2\}} \tag{4.7}$$

$$=\sqrt{60000}=244.94897428$$

因此，如果对列A的第2行执行方差规范化，则通过以下公式计算方差规范化后的值。

$$\frac{2-3}{\sqrt{2}} = -\frac{\sqrt{2}}{2} = -0.70710678 \tag{4.8}$$

此外，对于列B的第4行，通过以下公式计算。

$$\frac{500-400}{\sqrt{60000}} = 0.40824829 \tag{4.9}$$

要执行方差规范化，请使用预处理模块的StandardScaler类。fit方法查找每列的均值和标准差，transform方法指定DataFrame以执行方差规范化。应用于前面创建的DataFrame，如下所示，应用最后一个transform方法获得的结果是NumPy数组。

In

```
from sklearn.preprocessing import StandardScaler
# 生成分布式规范化实例
stdsc = StandardScaler()
# 执行分布式规范化
stdsc.fit(df)
stdsc.transform(df)
```

Out

```
array([[-1.41421356, -1.22474487],
       [-0.70710678, -0.81649658],
       [ 0.        ,  0.        ],
       [ 0.70710678,  0.40824829],
       [ 1.41421356,  1.63299316]])
```

正如刚才计算的那样，可以确认列A的第2行是–0.70710678，列B的第4行是0.40824829。

最小/最大值规范化

最小/最大值规范化是对特征量进行规范化处理，使特征量的最小值为0，最大值为1。用数学公式写出，如下所示。

$$x' = \frac{x - x_{\min}}{x_{\max} - x_{\min}} \tag{4.10}$$

其中，x表示特征量；x'表示最小/最大规范化特征量；$x_{\min}$是该特征量的最小值，$x_{\max}$是最大值。

我们将介绍使用DataFrame处理最小/最大值规范化，以解释分布式规范化。

- 列A的最小值是1（$x_{min}=1$），最大值是5（$x_{max}=5$）。
- 列B的最小值是100（$x_{min}=100$）、最大值是800（$x_{max}=800$）。

因此，如果对列A的第2行进行最小/最大规范化，则 $\frac{2-1}{5-1}=0.25$ ；对于列B的第4行，则 $\frac{500-100}{800-100}=0.57142857$ 。

要在scikit-learn中执行最小/最大规范化，请使用preprocessing模块的MinMaxScaler类。在fit方法中获得每个列的最小值和最大值，并在transform方法中指定DataFrame以执行最小/最大规范化。应用于前面创建的DataFrame，如下所示。

In

```
from sklearn.preprocessing import MinMaxScaler
# 生成一个最小/最大规范化的实例
mmsc = MinMaxScaler()
# 执行最小/最大规范化
mmsc.fit(df)
mmsc.transform(df)
```

Out

```
array([[0.  , 0.  ],
       [0.25, 0.14285714],
       [0.5 , 0.42857143],
       [0.75, 0.57142857],
       [1.  , 1.  ]])
```

如之前计算的那样，列A的第2行为0.25，列B的第4行为0.57142857。

4.4.2 分类

分类是为数据预测和划分类别的任务。例如，根据用户的服务使用历史记录，将每个用户从服务中分为“退出”（可能性高）和“不退出”（可能性高）两个类别。分类是一个典型的有监督学习，与回归一起在后面讨论。

有许多执行分类的算法，本书介绍以下3种算法：

- 支持向量机。
- 决策树。
- 随机森林。

分类模型构建流程

要构建分类模型，请先将手头的数据集划分为学习数据集和测试数据集。在这里，将各个数据集称为学习数据集、测试数据集。然后，使用学习数据集构建分类模型（称为学习），对构建模型的测试数据集进行预测，评价对未知数据的应对能力（称为泛化能力）。分类模型构建流程如图4.45所示。

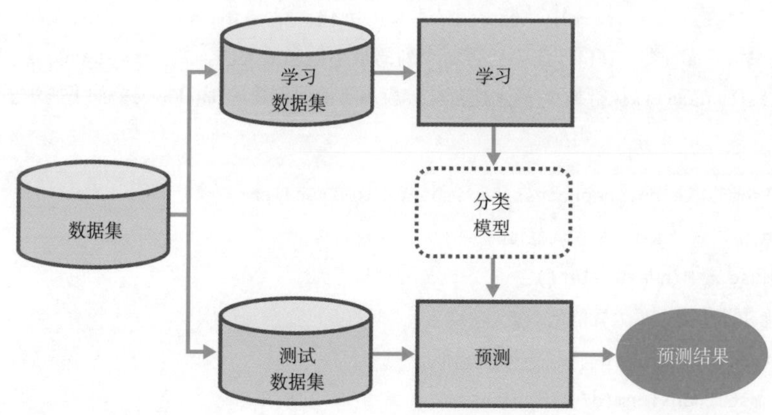

图4.45 分类模型构建流程

不仅仅是把数据集分为学习和测试两种，而是反复分割学习数据集和测试数据集，进行多次模型的构建和评价，该方法称为交叉验证。

scikit-learn接口使用fit方法执行学习，使用predict方法执行预测。

今后也会经常进行学习数据集和测试数据集的分割，因此在此进行说明。此外，我们还会经常使用Iris数据集，因此在此也对其进行说明。

In

```
from sklearn.datasets import load_iris
# 导入Iris数据集
iris = load_iris()
X, y = iris.data, iris.target
# 显示前5行
print('X:')
print(X[:5, :])
print('y:')
print(y[:5])
```

Out

```
X:
[[5.1 3.5 1.4 0.2]
 [4.9 3.  1.4 0.2]
 [4.7 3.2 1.3 0.2]
 [4.6 3.1 1.5 0.2]
 [5.  3.6 1.4 0.2]]
y:
[0 0 0 0 0]
```

Iris数据集记录了150枝鸢尾花的花萼和花瓣的长度和宽度，以及花的种类。在上面的示例中，变量X包含4个解释变量（特征量），表示花萼和花瓣的长度和宽度。由于变量X是NumPy数组，因此没有给出列名，每个列的名称和含义见表4.3。

表4.3 Iris数据集的说明变数（特征量）

列　号	名　称	含　义
1	Sepal Length	花萼长度
2	Sepal Width	花萼宽度
3	Petal Length	花瓣长度
4	Petal Width	花瓣宽度

此外，变量y包含表示鸢尾花类型的目标变量，此名称和含义见表4.4。

表4.4 Iris数据集目标变量

名　称	含　义
Species	花的种类（“0”“1”“2”3种）。0对应Setosa，1对应Versicolor，2对应Virginica

使用model_selection模块中的train_test_split函数将此数据分为学习数据集和测试数据。train_test_split函数的第1个参数是说明变量（特征量）的NumPy数组或pandas的DataFrame，第2个参数是目标变量的NumPy数组，test_size参数是测试数据的百分比，random_state参数是整数值，用于固定拆分数据的种子值。在本示例中，测试数据的百分比为30%。

注意，此处种子值通常是固定的，但这是为了使本书训练的结果具有可再现性而进行的，实际工作时通常不是指定的。

In

```
from sklearn.model_selection import train_test_split
# 分为学习数据集和测试数据集
X_train, X_test, y_train, y_test = train_test_split(X, y, test_size=0.3,
random_state=123)
print(X_train.shape)
print(X_test.shape)
print(y_train.shape)
print(y_test.shape)
```

Out

```
(105, 4)
(45, 4)
(105,)
(45,)
```

从以上结果可以确认，表示学习数据集特征量的变量X_train为105×4矩阵，测试数据集的变量X_test为45×4矩阵。可以确认学习数据集为150枝鸢尾花的70%，测试数据集为剩余的30%。另外，表示目标变量的变量y_train和y_test的大小分别为105和45。

支持向量机

支持向量机（support vector machine，SVM）不仅可用于分类和回归，还可用于离群值检测。这里介绍用于分类的支持向量机。如图4.46所示，可以通过将不能用直线或平面等分离（称为线性不可分）的数据复制到高维空间中进行线性分离，并进行分类。实际上，我们可以引入一个内核（相当于计算高维空间中数据之间内积的函数）以量化数据之间的接近程度，而不是直接在高维空间中复制。

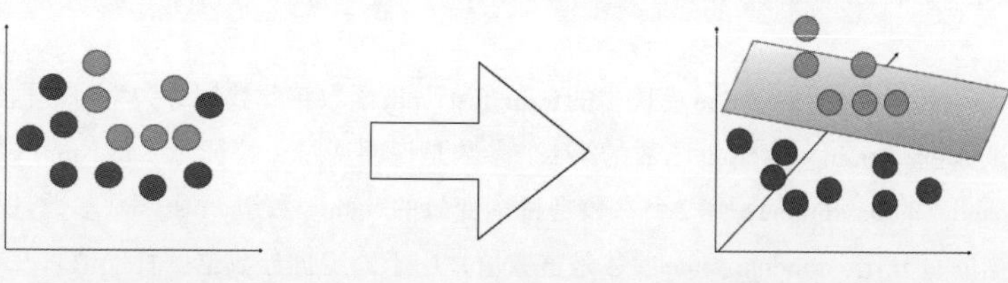

图4.46 支持向量机理念

现在介绍支持向量机算法。首先在二维平面上以直线为边界划分两个类，如图

4.47所示。请考虑属于两个类的二维数据：假设形状为●的数据属于0类，形状为×的数据属于1类。

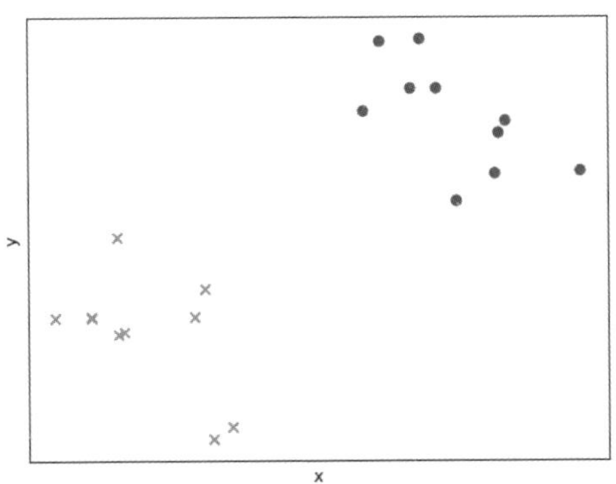

图4.47 属于两个类的二维数据

尝试用直线分割两个类的数据。如图4.48所示，有多种绘制直线的方法。

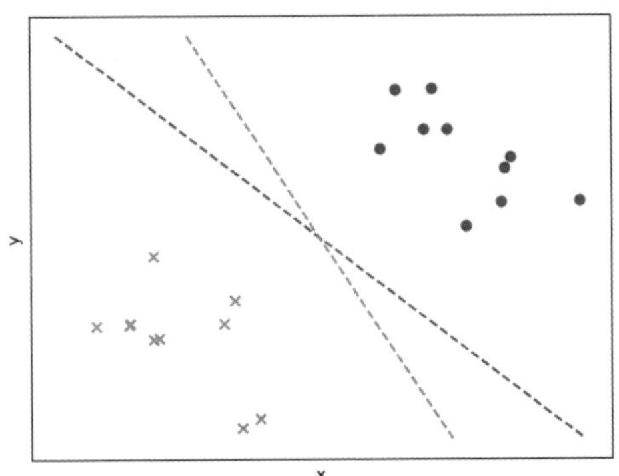

图4.48 分割两类的直线绘制方法

支持向量机绘制一条直线，使该直线与每个最近类的数据之间的距离最大。如图4.49所示，直线称为决策边界，每个类的数据称为支持向量，类之间支持向量的距离称为边距。支持向量机通过最大化边距确定决策边界。最大限度地增加边距是因为决策边界可以远离支持向量，从而降低即使数据稍有变化也会导致错误分类的可能性。这样，就可以使其具有应对未知数据的能力（泛化能力）。

如果结合数学公式对支持向量机的算法进行详细说明，对于初学者来说理解起来有一定的难度，所以为了方便大家理解，这里使用scikit-learn。

首先，通过以下方法分别生成100点用于说明的数据集：

- 0类是x轴和y轴均为0~1的均匀随机数。

●1类是x轴和y轴均为1~0的均匀随机数。

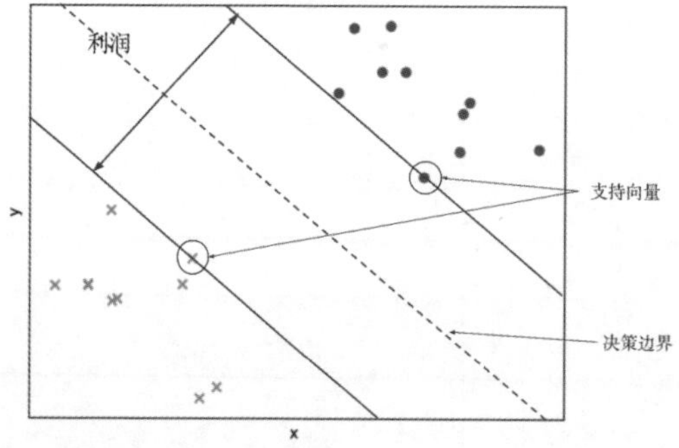

图4.49 决策边界和支持向量机

下面使用numpy.random.uniform函数从均匀分布中采样数据。在本示例中，由于1类数据生成的均匀随机数范围为-1~0，因此使用numpy.random.uniform函数生成均匀随机数。注意，numpy.random.uniform函数的参数low和high默认为low=0，high=1，生成一个0~1的均匀随机数。由于0类数据的值的范围为0~1，因此没有为参数low和high指定值。此外，指定numpy.random.uniform函数的size参数为(100, 2)，以生成100个数据的x轴和y轴的两个值。结果，变量X0和X1得到100×2矩阵。np.repeat函数生成一个NumPy数组，其中第1个参数的值重复第2个参数的次数。绘制出的散点图如图4.50所示。

In

```
import numpy as np
import matplotlib.pyplot as plt
np.random.seed(123)
# 在x轴和y轴上从0~1的均匀分布中采样100个点
X0 = np.random.uniform(size=(100, 2))
# 生成100个0类标签
y0 = np.repeat(0, 100)
# 在x轴和y轴上从-1~0的均匀分布中采样100个点
X1 = np.random.uniform(-1.0, 0.0, size=(100, 2))
# 生成100个1类标签
y1 = np.repeat(1, 100)
# 绘制散点图
fig, ax = plt.subplots()
ax.scatter(X0[:, 0], X0[:, 1], marker='o', label='class 0')
ax.scatter(X1[:, 0], X1[:, 1], marker='x', label='class 1')
```

```
ax.set_xlabel('x')
ax.set_ylabel('y')
ax.legend()
plt.show()
```

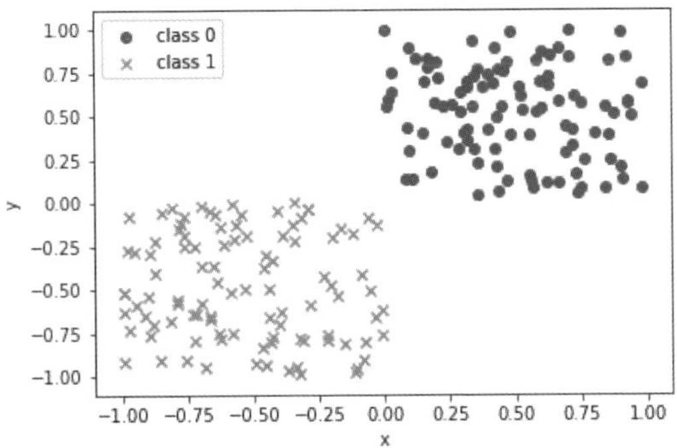

图4.50 根据均匀随机数生成属于两个类别的二维数据

接下来，通过支持向量机进行学习。具体来说是实例化svm模块的SVC类，并通过fit方法学习。

我们将在函数plot_boundary_margin_sv中总结此学习和决策边界、边距及支持向量的可视化过程，如下所示。将该函数的参数kernel指定为支持向量机的内核，参数C指定为自变量C。此外，绘制决策边界和边距时，使用matplotlib.axes.Axes.contour函数，此函数负责绘制轮廓。决策边界将等高线的高度设置为0，通过各类支持向量的直线将等高线的高度分别设置为-1和1。

In

```
from sklearn.svm import SVC
# 可视化学习，以及决策边界、边距、支持向量的函数
def plot_boundary_margin_sv(X0, y0, X1, y1, kernel, C, xmin=-1,
xmax=1, ymin=-1, ymax=1 ):
    # 实例化支持向量机对象
    svc = SVC(kernel=kernel, C=C)
    # 学习
    svc.fit(np.vstack((X0, X1)), np.hstack((y0, y1)))

    fig, ax = plt.subplots()
    ax.scatter(X0[:, 0], X0[:, 1], marker='o', label='class 0')
    ax.scatter(X1[:, 0], X1[:, 1], marker='x', label='class 1')
```

```
    # 绘制决策边界和边距
    xx, yy = np.meshgrid(np.linspace(xmin, xmax, 100),np.linspace(ymin, 
ymax, 100))
    xy = np.vstack([xx.ravel(), yy.ravel()]).T
    p = svc.decision_function(xy).reshape((100, 100))
    ax.contour(xx, yy, p,
               colors='k', levels=[-1, 0, 1],
               alpha=0.5, linestyles=['--', '-', '--'])
    # 绘制支持向量
    ax.scatter(svc.support_vectors_[:, 0],
               svc.support_vectors_[:, 1],
               s=250, facecolors='none',
               edgecolors='black')
    ax.set_xlabel('x')
    ax.set_ylabel('y')
    ax.legend(loc='best')
    plt.show()
```


下面的示例为在实例化SVC类时，假定参数C = 1e6，即已将C的值设置为10^6，如图4.51所示。

In

```
# 绘制决策边界、边距和支持向量
plot_boundary_margin_sv(X0, y0, X1, y1, kernel='linear', C=1e6)
```

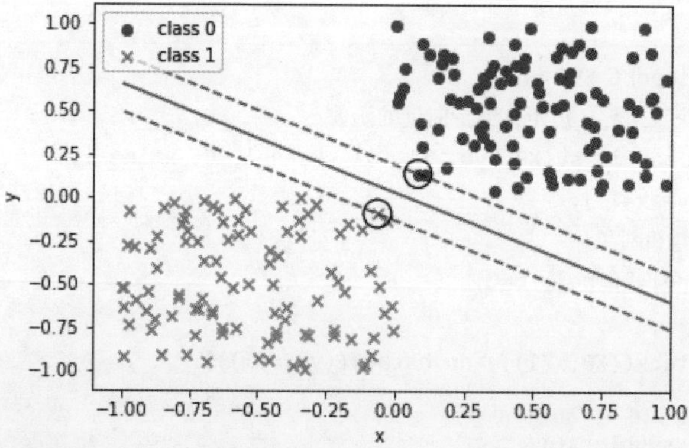

图4.51 决策边界可视化（C=1e6）

注意，每个类都需要一个支持向量，并且决策边界以实线绘制。

在上面的示例中，SVC类被设置为参数C=1e6，C表示边距设置为多大。C值越小，边距越宽；C值越大，边距越窄。以下示例设置为C=0.1，如图4.52所示。

In

```
# 绘制决策边界、边距、支持向量
plot_boundary_margin_sv(X0, y0, X1, y1, kernel='linear', C=0.1)
```

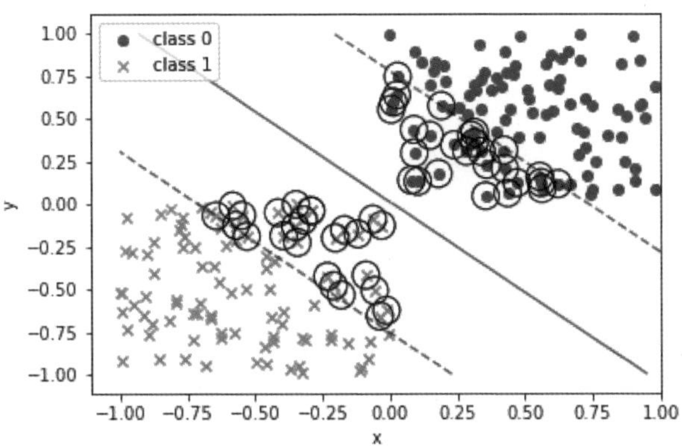

图4.52 决策边界可视化（C=0.1）

可以看出，与C=1e6相比，此边距更大，支持向量的数量也更多。

现假设无法用直线分隔数据，且x轴、y轴都生成了100个0~1的均匀随机数：

- $y > 2(x-0.5)^2 + 0.5$ 时为类别1。
- $y \leqslant 2(x-5)^2 + 0.5$ 时为类别0。

如上所述，此数据不能通过直线完全分隔各个类，如图4.53所示。

In

```
np.random.seed(123)
X = np.random.random(size=(100, 2))
y = (X[:, 1] > 2*(X[:, 0]-0.5)**2 + 0.5).astype(int)
fig, ax = plt.subplots()
ax.scatter(X[y == 0, 0], X[y == 0, 1], marker='x', label='class 0')
ax.scatter(X[y == 1, 0], X[y == 1, 1], marker='o', label='class 1')
ax.legend()
plt.show()
```

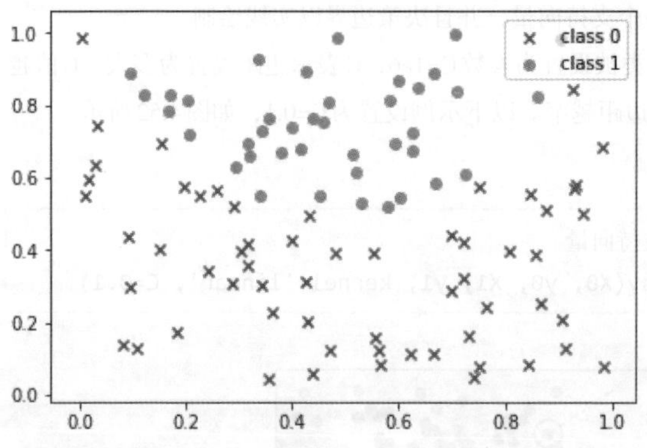

图4.53 无法用直线分隔的数据

接下来，让我们学习如何在支持向量机中对这些数据进行分类。在实例化SVC类时，使用参数kernel='rbf'作为内核，并使用径向基函数（radial basis function）。如图4.54所示，可以看到两个类在实线所示的决策边界之间是分开的。

In

```
# 绘制决策边界、边距、支持向量
X0, X1 = X[y == 0, :], X[y == 1, :]
y0, y1 = y[y == 0], y[y == 1]
plot_boundary_margin_sv(X0, y0, X1, y1,
                        kernel='rbf', C=1e3, xmin=0, ymin=0)
```

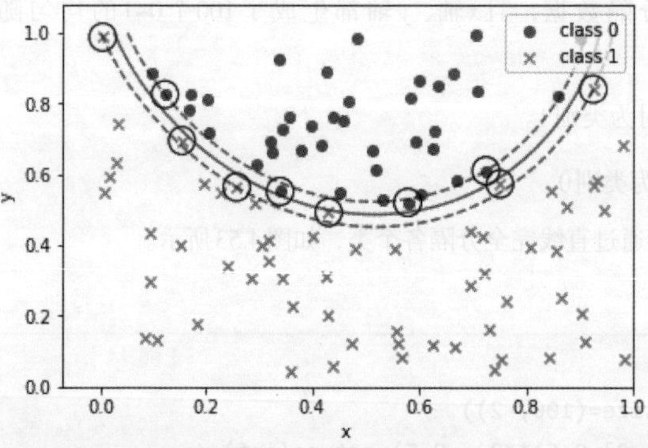

图4.54 内核和径向基函数用于分隔两个类别

在以上示例中，使用了Iris数据集的特征量。一般来说，支持向量机的分类结果容易受到绝对值极大的特征量的影响。因此，在使用支持向量机时，建议执行本节中说明的规范化使每个特征值的比例尺统一。

决策树

决策树（decision tree）如图4.55所示，是通过创建一个接一个的规则划分数据来执行分类的算法。它是机器学习的代表性方法，由于易于理解模型的内容，因此在实际业务中也经常使用。

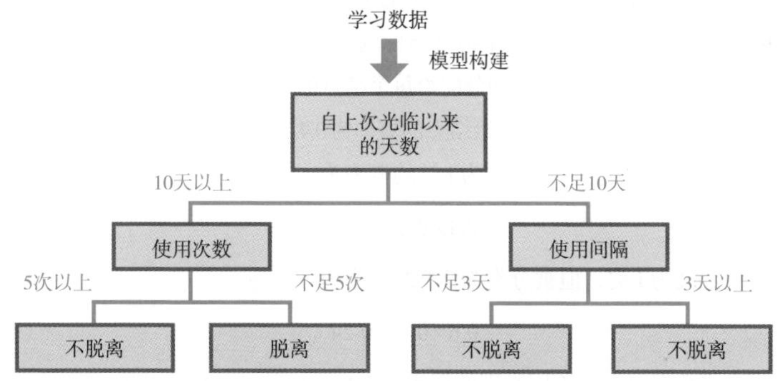

	使用次数	使用间隔	自上次光临以来的天数	…	脱离服务
A先生/女士	5次	10.1天	3天	…	有
B先生/女士	2次	1.5天	1天	…	无
…	…	…	…	…	…

图4.55 决策树

在说明决策树前，先说明接下来要使用的术语。被称为“树”（不仅限于决策树）的数据结构是由顶点“结点”和连接它们的“边”构成的。例如，在开头列举的顾客背离的例子中，“自上次光临以来的天数”“使用次数”“使用间隔”为结点，“自上次光临以来的天数在10天以上”“使用次数不足5次”等为边。此外，树可能是家谱图，结点可能具有相当于子结点的“子结点”。

例如，“自上次光临以来的天数”的子结点是“使用次数”和“使用间隔”两个结点。相反，从该结点看，它可能具有一个等效于父结点的“父结点”。例如，当从“使用次数”查看时，“自上次光临以来的天数”是父结点。

决策树的顶部没有父结点的结点称为根结点（root node）；决策树的底部没有子结点的结点称为叶结点（leaf node）。请注意，“根”和“叶”的位置关系通常与我们想象的植物树木相反。

使用决策树拆分数据时，必须确定应拆分的功能和值。为此，考虑“通过分割数据可以获得多少收益”，称为信息增益（information gain）。在这里，“收益”是一个模糊的表达。决策树最初旨在整齐地分类。因此，决策树中的“收益”就是能够更整齐地划分类别。下面将对其进行更详细的说明。

用决策树分割数据时，不仅要追求“可整齐地划分等级”，更要考虑“混合了多少等级”这一指标。这个指标称为不纯度。然后，通过分割数据降低这种不纯度，即通过使划分整齐的划分成为可能，以此来制定分割的标准。

信息增益定义为父结点的不纯度减去子结点的不纯度。

$$信息增益 = 父结点的不纯度 - 子结点的总不纯度 \tag{4.11}$$

如果信息增益为正，则父结点的不纯度大于子结点的总不纯度。这意味着父结点具有类的混合，因此最好将其拆分为子结点。相反，如果信息增益为负，则父结点的不纯度小于子结点的总不纯度，这表示父结点没有参与混合，因此，最好不要分割成子结点。另外，不纯度的指标有基尼不纯度、熵、分类误差等，本小节描述了 scikit-learn 中默认使用的基尼不纯度指标的含义和定义。

基尼不纯度表示将错误的类别分配给每个结点的可能性。例如，假设将0类分配给结点的概率为0.6，而将1类分配给结点的概率为0.4。此时，基尼不纯度的计算如下。

虽然被定义为0类，但被分类为1类的概率为

$$0.4 \times 0.6 = 0.24 \tag{4.12}$$

虽然被定义为1类，但被分类为0类的概率为

$$0.6 \times 0.4 = 0.24 \tag{4.13}$$

因此，将数据分配给不同类别的概率为0.48，这就是基尼不纯度。

上面说明的内容用公式可以表示如下。0类的概率用 $P(0)(=0.6)$ 表示，1类的概率用 $P(1)(=0.4)$ 表示。此时，虽然是0类，但被分配到1类的概率为 $P(0)(1-P(0))$ ；虽然是1类，但被分配到0类的概率为 $P(1)(1-P(1))$ 。所以基尼不纯度表示为

$$\begin{aligned} P(0)(1-P(0)) + P(1)(1-P(1)) &= (P(0)+P(1)) - (P(0)^2 + P(1)^2) \\ &= 1 - (P(0)^2 + P(1)^2) \end{aligned} \tag{4.14}$$

最后的公式变形采用了 $P(0)+P(1) = 0.6 + 0.4 = 1$ 。以上公式可以用第3章学习到的总和形式表示为

$$1 - (P(0)^2 + P(1)^2) = 1 - \sum_{c=0}^{1} P(c)^2 \tag{4.15}$$

如果有个C类 $(c = 0, \cdots, C-1)$ ，则结点的基尼不纯度可以表示为

$$1 - \sum_{c=0}^{C-1} P(c)^2 \tag{4.16}$$

在作为决策树图像给出的示例中，假设顾客数量如下：

- 共有1000名顾客，其中离开的有100名，没有离开的有900名。
- 自上次光临以来的天数超过10天的顾客有600人，其中离开的有90人，未离

开的有510人。

- 自上次光临以来的天数不足10天的顾客有400人，其中离开的有10人，未离开的有390人。

每个结点的基尼不纯度如下所示。

$$\begin{aligned}\text{父结点的基尼不纯度} &= 1-\left(\left(\frac{100}{1000}\right)^2+\left(\frac{900}{1000}\right)^2\right)\\ &= 1-0.01-0.81=0.18 \end{aligned} \tag{4.17}$$

$$\begin{aligned}\text{左侧子结点的基尼不纯度} &= 1-\left(\left(\frac{510}{600}\right)^2+\left(\frac{90}{600}\right)^2\right)\\ &= 1-(0.85^2+0.15^2)\\ &= 1-(0.7225+0.0225)\\ &= 1-0.745\\ &= 0.255 \end{aligned} \tag{4.18}$$

$$\begin{aligned}\text{右侧子结点的基尼不纯度} &= 1-\left(\left(\frac{10}{400}\right)^2+\left(\frac{390}{400}\right)^2\right)\\ &= 1-(0.04^2+0.975^2)\\ &= 1-(0.000625+0.950625)\\ &= 1-0.95125\\ &= 0.04875 \end{aligned} \tag{4.19}$$

此时，信息增益为

$$0.18-\frac{600}{1000}\times 0.255-\frac{400}{1000}\times 0.04875=0.18-0.153-0.0195=0.0075 \tag{4.20}$$

由于信息增益为正，因此最好分割树。

要在scikit-learn中运行决策树，请使用树模块中的DecisionTreeClassifier类生成DecisionTreeClassifier类的实例，并使用fit方法学习和predict方法对测试数据集执行预测。 当实例化DecisionTreeClassifier类时，变量max_depth=3将树的最大深度设置为3。

In

```
from sklearn.datasets import load_iris
from sklearn.model_selection import train_test_split
from sklearn.tree import DecisionTreeClassifier
# 导入Iris数据集
iris = load_iris()
X, y = iris.data, iris.target
# 分为学习数据集和测试数据集
```

```
X_train, X_test, y_train, y_test = train_test_split(X, y, test_size=0.3,
                                                    random_state=123)
# 实例化决策树（树的最大深度为3）
tree = DecisionTreeClassifier(max_depth=3)
# 学习
tree.fit(X_train, y_train)
```

Out

```
DecisionTreeClassifier(class_weight=None, criterion='gini', max_depth=3,
            max_features=None, max_leaf_nodes=None,
            min_impurity_decrease=0.0, min_impurity_ split=None,
            min_samples_leaf=1, min_samples_split=2,
            min_weight_fraction_leaf=0.0, presort =False, random_
state=None,
            splitter='best')
```

学习到的决策树可以使用pydotplus库可视化。此库使用名为GraphViz的可视化工具。有关如何安装GraphViz的信息，请参阅GraphViz页面（https://www.graphviz.org/download/）。

使用pip命令安装pydotplus库，如下所示。

```
(pydataenv)$ pip install pydotplus
```

现在让我们画一个决策树。使用tree模块的export_graphviz函数，从表示学习的决策树的tree对象中提取dot格式的数据。然后，使用pydotplus模块中的graph_from_dot_data函数生成表示图形的对象，并在write_png中输出文件名。

In

```
from pydotplus import graph_from_dot_data
from sklearn.tree import export_graphviz
# 提取dot格式数据
dot_data = export_graphviz(tree, filled=True,
                rounded=True,
                class_names=['Setosa',
                             'Versicolor',
                             'Virginica'],
                feature_names=['Sepal Length',
                               'Sepal Width',
                               'Petal Length',
                               'Petal Width'],
```

```
                  out_file=None)
# 输出决策树图
graph = graph_from_dot_data(dot_data)
graph.write_png('tree.png')
```

Out

```
True
```

执行上述操作，将输出决策树的文件tree.png，如图4.56所示。

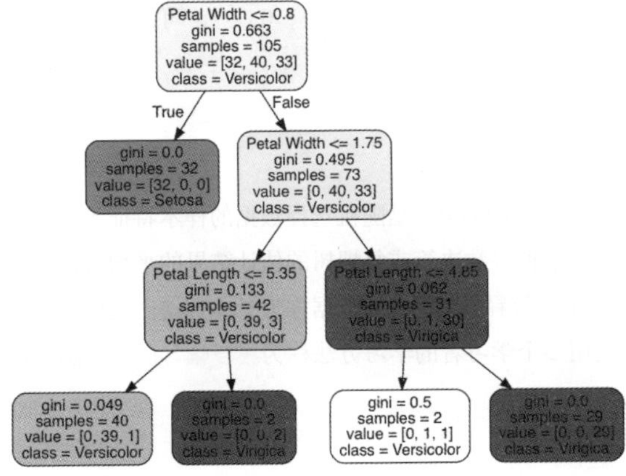

图4.56 构建决策树的可视化

下面我们将以第1个结点的拆分为例，简要介绍所得到的决策树的观点。

- 最上面的结点根据Petal Width是小于0.8还是大于0.8来分割数据。在分割前，从描述为value=[32,40,33]的部分可以知道数据类别的数量。这表明Setosa为32，Versicolor为40，Virginica为33，而Setosa、Versicolor和Virginica分别表示鸢尾花的种类。多数表决中Versicolor最多，在class=Versicolor的部分记载了该多数表决的结果。从gini=0.663的部分可以看出，结点中的基尼不纯度为0.663。
- Petal Width在0.8以下时转移到左下的子结点，数据的类个数Setosa为32，Versicolor和Virginica为0。由于该类只有Setosa的数据，基尼不纯度为0.0。
- Petal Width大于0.8时转移到右下的子结点，数据的类个数为Setosa为0，Versicolor为40、Virginica为33。基尼不纯度为0.495。

要使用构建的决策树进行预测，可以使用predict方法。

In

```
# 预测
y_pred = tree.predict(X_test)
y_pred
```

Out

```
array([1, 2, 2, 1, 0, 1, 1, 0, 0, 1, 2, 0, 1, 2, 2, 2, 0, 0, 1, 0, 0, 1,
       0, 2, 0, 0, 0, 2, 2, 0, 2, 1, 0, 0, 1, 1, 2, 0,0, 1, 1, 0, 2, 2,
       2])
```

从预测结果来看，每个样本的类依次为1，2，2，1，0，…，可以看到这些都是可预测的。

随机森林

如图4.57所示，随机森林（random forest）是随机选择数据的样本特征（解释性变量）并多次构造决策树，然后根据多数决策或每棵树的估计结果的平均值执行分类/回归。随机选择的样本和特征（解释性变量）的数据称为引导数据。随机森林是决策树的集合，以这种方式使用多个学习者的学习方法称为集合学习。使用随机森林进行学习是整体学习方法之一。

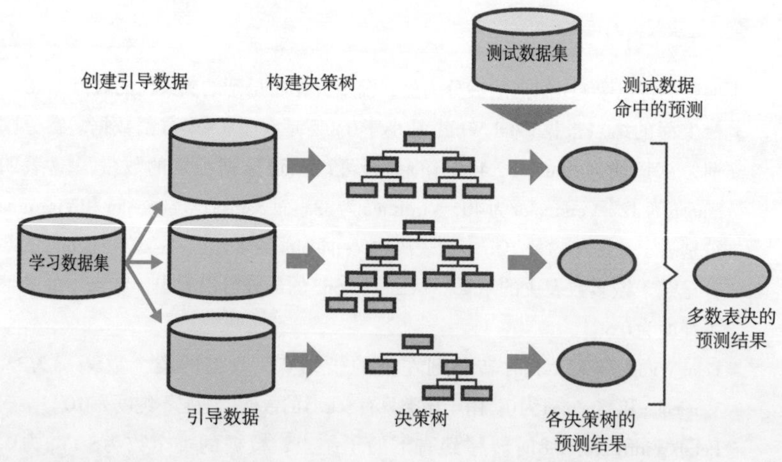

图4.57 随机森林

要在scikit-learn上运行随机森林，需要使用ensemble模块中的RandomForestClassifier

类。与前面所述的算法完全相同，fit方法用于学习，predict方法用于预测未知数据。实例化RandomForestClassifier类时，参数n_estimators指定决策树的数量。在本例中，构建了100个决策树。

In

```
from sklearn.ensemble import RandomForestClassifier
# 实例化随机森林
forest = RandomForestClassifier(n_estimators=100, random_state=123)
# 学习
forest.fit(X_train, y_train)
# 预测
y_pred = forest.predict(X_test)
y_pred
```

Out

```
array([1, 2, 2, 1, 0, 1, 1, 0, 0, 1, 2, 0, 1, 2, 2, 2, 0, 0, 1, 0, 0, 1,
       0, 2, 0, 0, 0, 2, 2, 0, 2, 1, 0, 0, 1, 1, 2, 0, 0, 1, 1, 0, 2, 2,
       2])
```

查看预测结果，可以看到每个示例的类被预测为1，2，2，1，0，…。

4.4.3 回归

回归，即将一个值（称为目标变量）与另一个或多个值（称为解释变量，在机器学习中称为特征量）进行解释的任务。以下是回归的示例。

（1）根据理科考试分数（解释变量=理科考试分数，目标变量=数学考试分数）解释学生的数学考试分数。

（2）按房屋的大小和居住面积解释出租房屋的租金（解释变量=物业规模，居住面积，目标变量=租金）。

在线性回归中，当目标变量为y且有p个解释变量（特征）时，$x_1,\cdots,x_p$，找到最能描述数据的系数a_0，$a_1,\cdots,a_p$。

$$y=a_0+a_1x_1+\cdots+a_px_p \tag{4.21}$$

可以使用诸如最大似然和最小二乘等的方法，但是由于篇幅所限，此处省略了说明。之所以称为线性，是因为目标变量y是每个解释变量值的线性表达式的总和。当存在一个解释变量时，线性回归称为单回归；而当存在两个或更多解释变量时，线性回归称为多元回归。

可以使用scikit-learn的linear_model模块中的LinearRegression类执行线性回归。下面的示例将Boston数据集分为学习数据集和测试数据集，然后实例化LinearRegression类进行学习。另外，Boston数据集记录了美国波士顿市郊各地区的住宅价格和14个特征量，包括每个人的犯罪件数、居住面积平均数等。

In

```
from sklearn.linear_model import LinearRegression
from sklearn.datasets import load_boston
from sklearn.model_selection import train_test_split

# 导入Boston数据集
boston = load_boston()
X, y = boston.data, boston.target
# 分为学习数据集和测试数据集
X_train, X_test, y_train, y_test = train_test_split(X, y, test_
size=0.3, random_state=123)
# 实例化线性回归
lr = LinearRegression()
# 学习
lr.fit(X_train, y_train)
```

Out

```
    LinearRegression(copy_X=True, fit_intercept=True, n_jobs=1,
normalize=False)
```

运行可能会引发RuntimeWarning，但不要担心，因为它不会影响线性回归的执行和结果。

测试数据集的预测使用predict方法进行。

In

```
# 预测测试数据集
y_pred = lr.predict(X_test)
```

以横轴为预测值，纵轴为实际值绘制散点图，如图4.58所示。许多点位于“实际值=预测值”线附近。因此，可以看出预测相对良好。

In

```
import matplotlib.pyplot as plt
# 绘制横轴为预测值，纵轴为实际值的散点图
fig, ax = plt.subplots()
ax.scatter(y_pred, y_test)
ax.plot((0, 50), (0, 50), linestyle='dashed', color='red')
ax.set_xlabel('predicted value')
ax.set_ylabel('actual value')
plt.show()
```

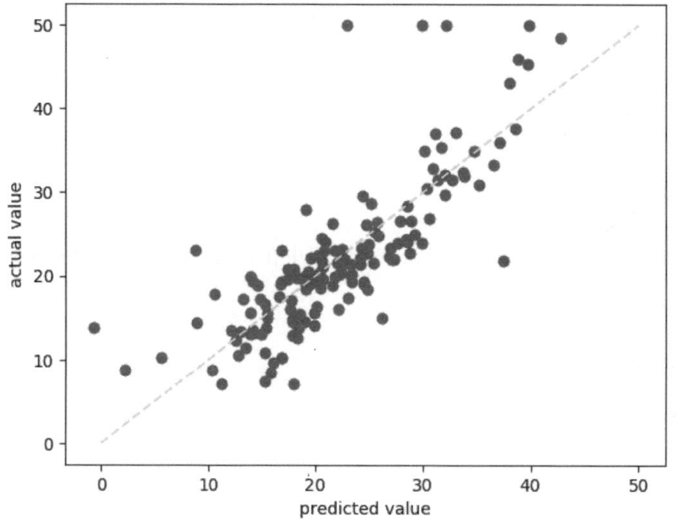

图4.58 预测值和实际值的散点图

4.4.4 降维

通过“降维”可以减少维度并压缩数据，且不会损害数据拥有的信息。 例如，假设要分析的数据有10万个特征量，处理这样庞大的特征量需要花费大量的计算时间，而且理解数据也很困难。这时通过进行维度削减，就可以从原来的10万个特征量中提取几个到几十个新的特征量，但不会丢失过多的信息。

以下面的二维数据为例，如图4.59所示，这些数据是通过在x轴上添加大于等于0且小于1的均匀随机数，y轴上的值是x轴上的平均值为0、标准差为1的随机数乘以0.05生成的。

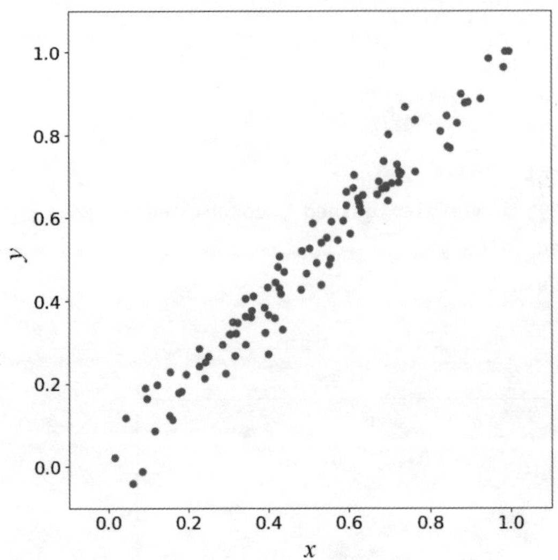

图4.59 二维数据

即使该数据稍有变化，也可以确认该数据集中在直线 $y = x$ 附近，如图4.60所示。

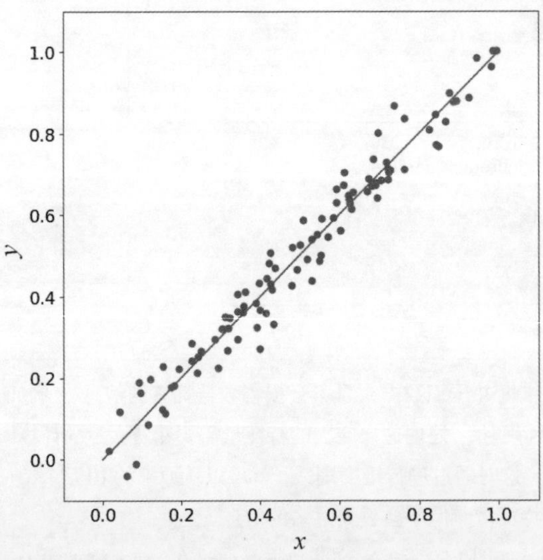

图4.60 确认数据集中在直线 $y=x$ 附近

现在，让我们以这条线为新轴对数据进行投影，如图4.61所示。

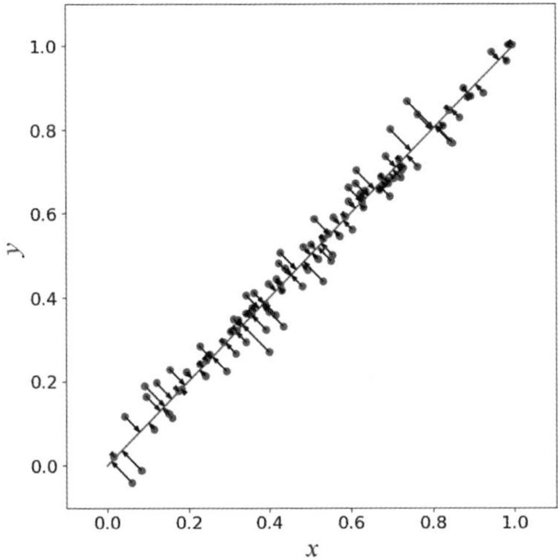

图4.61 将数据投影到新轴上

如果新轴为 x'，则会得到图4.62，水平绘制的线条与原始直线相对应。 在这个新轴 x' 的坐标上，可以提取数据的大部分特征。

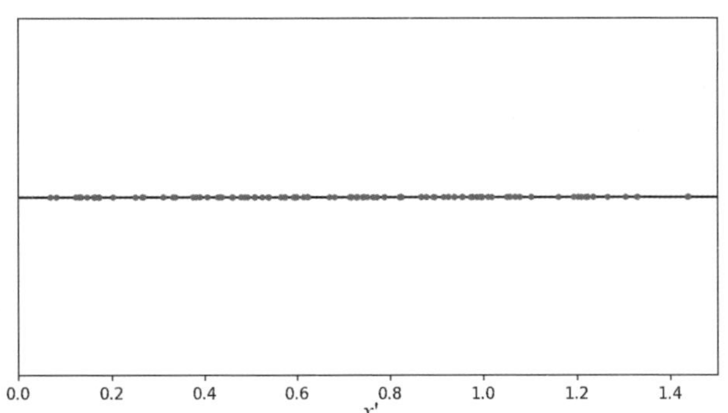

图4.62 投影到直线上数据的一维坐标

以上以二维数据为例，将数据投影到一维上。如本例所示，降维是将数据投影到较低的维度上，同时尽可能地不破坏数据中的信息。

主成分分析

主成分分析（principal component analysis，PCA）是一种将数据转换为与原始维相同或更低维的方法，查找数据在高维中分布较多的方向（数据分布的方向）。

要在scikit-learn上执行主成分分析，请使用decomposition模块中的PCA类。举一个简单的例子，生成50个二维数据（如图4.63所示）进行主成分分析。

● x轴上的值是大于等于0且小于1的均匀随机数。

● y轴上的值是x轴上的值乘以2，然后将大于0且小于1的均匀随机数乘以0.5。

In

```
import numpy as np
import matplotlib.pyplot as plt
# 固定种子值
np.random.seed(123)
# 生成50个0~1的均匀随机数
X = np.random.random(size=50)
#将X乘以2，然后将大于0且小于1的均匀随机数乘以0.5并相加
Y = 2*X + 0.5*np.random.rand(50)
# 绘制散点图
fig, ax = plt.subplots()
ax.scatter(X, Y)
plt.show()
```

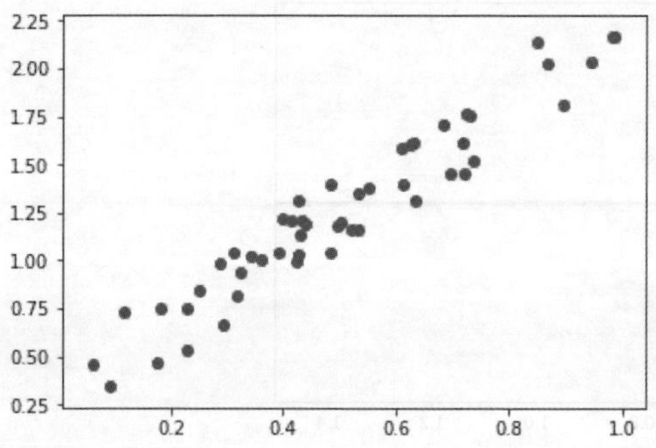

图4.63 50个二维数据

下面进行主成分分析。实例化PCA类，并在fit_transform方法中指定表示数据坐标的NumPy数组。在这个NumPy数组中，行表示数据样本，列表示各个维度，所以在这个示例中是50×2的矩阵。此外，在实例化PCA类时，n_components参数指定为2。这意味着通过主成分分析将其转换为两个新的变量。这两个变量称为主成分，第1个主成分称为第一主成分，第2个主成分称为第二主成分。另外，这里原本是将二维数据转换为新的二维坐标，此时没有削减维度。然而，确认通过主成分分析转

换的二维坐标之一很重要。因此，在本例中，通过主成分分析，可以确认维度可以削减为一维。

In

```
from sklearn.decomposition import PCA
# 实例化主成分组
pca = PCA(n_components=2)
# 执行主成分分析
X_pca = pca.fit_transform(np.hstack((X[:, np.newaxis], Y[:,
np.newaxis])))
```

将主成分分析的结果中得到的坐标绘制在散点图上，如图4.64所示。

In

```
# 将主成分分析的结果得到的坐标绘制成散点图
fig, ax = plt.subplots()
ax.scatter(X_pca[:, 0], X_pca[:, 1])
ax.set_xlabel('PC1')
ax.set_ylabel('PC2')
ax.set_xlim(-1.1, 1.1)
ax.set_ylim(-1.1, 1.1)
plt.show()
```

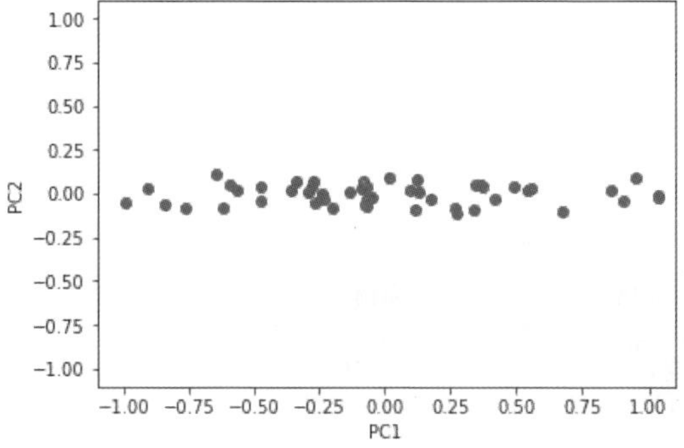

图4.64 第一主成分和第二主成分的散点图

从以上结果可以确认，新坐标PC1（横轴）的数据分散，而PC2（纵轴）的数据不太分散。

4.4.5 评估模型

前面已经提出了许多指标来评估使用机器学习构建模型的质量，如有用于分类和回归的评估指标，但是在本小节我们将解释用于分类的代表性指标。

在分类中，如何准确地分配数据类别是非常重要的。这里从以下两个主要方面解释测量精度的指标：

（1）类别分类精度。

（2）预测概率的准确性。

类别分类精度

量化数据类别的指标包括精确率（precision）、召回率（recall）、F 值（F-Value）、准确率（accuracy），它们是从混淆矩阵（confusion matrix）中计算得出的。

混淆矩阵是预测和结果类标签组合的汇总表，如图4.65所示。其中，“正例”是属于感兴趣类的数据，“负例”是属于不感兴趣类的数据。例如，当预期Web服务用户退出时，正例是已退出的用户，负例是未退出的用户，因为是对哪个用户退出感兴趣。混淆矩阵中tp、fp、fn和tn的含义如下。

- tp：预测为正例，实际上是正例的件数。这是 True Positive 的缩写，表示预测为正例（Positive）的为True（真阳性）。
- fp：预测为正例，但实际上是负例的件数。这是False Positive的缩写，表示预测为正例的偏离（假阳性）。
- fn：预测为负例，但实际上是正例的件数。这是False Negative的缩写，表示预测为负例（Negative）的偏离（假阴性）。
- tn：预测为负例，实际上是负例的件数。这是True Negative的缩写，表示预测为负例的为True（真阴性）。

		实际	
		正例	负例
预测	正例预测	tp 预测为正例， 实际也是正例	fp 预测为正例， 但实际是负例
	负例预测	fn 预测为负例， 但实际是正例	tn 预测为负例， 实际也是负例

图4.65 混淆矩阵（使用scikit-learn输出混淆矩阵的confusion_matrix函数的输出顺序不同）①

① 如果scikit-learn未指定confusion_matrix函数的labels参数来计算混淆矩阵，则按第1个参数和第2个参数元素的升序排序。因此，与图4.65不同，请注意从左上方顺时针方向的tn、fn、tp和fp。

使用混淆矩阵，将精确率、召回率、F值、准确率定义如下。另外，为了便于理解，下面只在正例的情况下说明精确率和召回率。注意，实际上也可以定义负例的精确率和召回率。

- 精确率：在正例和预测数据中，实际正例的比例。即精确率= tp/(tp+fp)。准确率越高，预测为正例而实际为正例的数据的比率就越高。因此，精确率是尽量不弄错预测等级时要重视的指标。
- 召回率：表示实际正例中，正例和预测例的比例。即召回率= tp/(tp+fn)。
- F值：准确率和召回率的调和平均值。即F值=2/(1/精确率+1/召回率)=2×精确率×召回率/(精确率+召回率)。

一般来说，准确率和召回率是一种权衡关系。也就是说，其中一个指标越高，另一个指标就越低。F值以两个指标成为平衡良好的值为目标，这一目标通过取精确率和召回率的调和平均值来实现。

- 准确率：无论是正例还是负例，都表示预测和实际一致的数据的比例。即准确率= (tp+tn)/(tp+fp+fn+tn)。

参照以下示例读取Iris数据集，将其划分为学习数据集和测试数据集，使用支持向量机学习这个学习数据集，并对测试数据集进行预测。

这里将使用Iris数据的前100行。Iris数据中包含的3个花卉种类，使用0：Setosa和1：Versicolor两种。这就是为什么在代码上采用iris.data[:100,:]和iris.target[:100]的原因。

In

```
from sklearn.datasets import load_iris
from sklearn.svm import SVC
from sklearn.model_selection import train_test_split
#导入Iris数据集
iris = load_iris()
X, y = iris.data[:100, :], iris.target[:100]
# 分为学习数据集和测试数据集
X_train, X_test, y_train, y_test = train_test_split(X, y, test_size=0.3,
                                                    random_state=123)
# SVM实例化
svc = SVC()
# 通过SVM学习
svc.fit(X_train, y_train)
# 预测测试数据集
y_pred = svc.predict(X_test)
```

scikit-learn的metrics模块中的classification_report函数对于输出预测结果的精确率、召回率和F值非常方便。

In

```
from sklearn.metrics import classification_report
# 输出精确率、召回率和F值
print(classification_report(y_test, y_pred))
```

Out

	precision	recall	f1-score	support
0	1.00	1.00	1.00	15
1	1.00	1.00	1.00	15
avg / total	1.00	1.00	1.00	30

在以上结果中，垂直显示为0、1和avg/total，水平显示为precision、recall、f1-score和support。它们的含义如下。

- 纵向的0表示类别0，1表示类别1，avg/total表示类别0和类别1的组合结果。
- 横向的precision表示精确率，recall表示召回率，f1-score表示F值，support表示数据数。

也就是说，纵向的结果表示为1，精确率、召回率、F值分别为1.00，数据的数量为15。注意，由于此示例涉及非常简单的数据，因此第1类的精确率、召回率和F值都为1.00，但它们通常是不同的值。

交叉验证

进行上述分析时，经常使用机器学习中的交叉验证（cross validation）方法：重复划分数据集以供学习和测试，并多次构建和评估模型。有几种交叉验证方法，这里介绍常用的k折交叉验证。例如，将数据分成10个部分，则重复10次将9个集合用于学习数据集，将其余一个集合用于测试数据集。此过程称为10折交叉验证（10-fold cross validation），如图4.66所示。目标变量（类标签）中的按比例进行k折交叉验证被特别称为分层k折交叉验证（stratified k-fold cross validation）。

在scikit-learn中执行交叉验证的一个简单方法是使用model_selection模块中的cross_val_score函数。cross_val_score函数执行分层k折交叉验证。以下示例为对整个Iris数据集执行10折交叉验证。在cross_val_score函数的参数cv中指定分区数，在参数scoring中指定度量标准。在此，由于使用了精确率作为评价指标，因此指定为scoring='precision'。召回率为recall，F值为f1-score，准确率为accuracy。

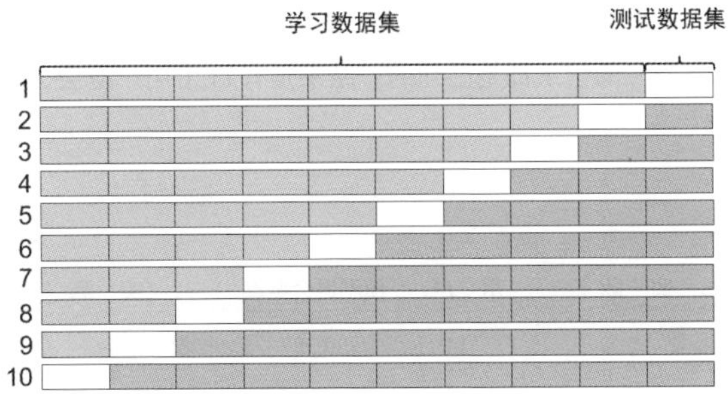

图4.66 10折交叉验证

In

```
from sklearn.svm import SVC
from sklearn.model_selection import cross_val_score
# 支持向量机实例化
svc = SVC()
# 执行10折交叉验证
cross_val_score(svc, X, y, cv=10, scoring='precision')
```

Out

```
array([1., 1., 1., 1., 1., 1., 1., 1., 1., 1.])
```

结果显示返回的NumPy数组包含10个元素。它们代表交叉验证的10个度量标准，由此可以确认所有精确率均为1。

交叉验证也经常与超参数调整一起使用。有关此内容，请参阅本节中的“超参数优化”部分。

预测概率的准确性

量化数据预测概率准确性的指标包括ROC（Receiver Operating Characteristic）曲线和从中计算出的AUC（Area Under The Curve）。使用这些指标，计算每个数据属于正例的概率，并量化按概率从大到小的顺序排列数据时顺序的正确性。概率顺序的正确性可能是难以理解的表达方式。直观上，预测概率高的数据更容易发生预测事件，而预测概率低的数据则对应于事件难以发生的情况。详细情况将在下面使用示例进行说明。

下面我们将预测25个用户（样本）退出服务的概率，见表4.5。这个概率在该表中被称为“预测退会概率”。例如，第1个用户预测退会概率为0.98，即98%的概率。在表中，用户按预测退会概率从高到低的顺序（降序）排列。另外，此处每个用户的“已退会”和“没有退会”的记录都是已知的。结果是有11个用户退会，14个用户没有退会。

表4.5 各用户的预测退会概率

用　户	预测退会概率	实　际
1	0.98	已退会
2	0.95	已退会
3	0.90	没有退会
4	0.87	已退会
5	0.85	没有退会
6	0.80	没有退会
7	0.75	已退会
8	0.71	已退会
9	0.63	已退会
10	0.55	没有退会
11	0.51	没有退会
12	0.47	已退会
13	0.43	没有退会
14	0.38	没有退会
15	0.35	没有退会
16	0.31	已退会
17	0.28	已退会
18	0.24	没有退会
19	0.22	没有退会
20	0.19	已退会
21	0.15	没有退会
22	0.12	没有退会
23	0.08	已退会
24	0.04	没有退会
25	0.01	没有退会

ROC曲线的基本概念是：当按概率递减的顺序排列数据、预测每条数据的概率以上的数据都是正例时，计算此时实际为正例的数据在全体的正例中所占的比例（真阳性率）；或者说，实际上是负例但预测为正例的数据在全体的负例中所占的比例（假阳性率）。依次追溯数据，改变正例和预测概率的阈值，求出真阳性率和假阳性率，分别在横轴和纵轴上绘制曲线。阈值是指在高于或低于其标准值时行为、状态、判断等会发生变化的值。下面是一个具体的示例。

- 1号用户退会，覆盖了正例11个用户中的1个用户。因此，真阳性率=1/11，假阳性率=0/14。
- 2号用户退会，覆盖了正例11个用户中的2个用户。因此，真阳性率=2/11，假阳性率=0/14。
- 到3号用户退会为止，可见覆盖了正例11个用户中的2个用户，并覆盖到负例14个用户中的1个用户。因此，真阳性率=2/11，假阳性率=1/14。（中间省略）
- 到24号用户退会为止，可见覆盖了正例11个用户中的全部（11个）用户，并且覆盖了负例14个用户中的13个用户。因此，真阳性率=11/11，假阳性率=13/14。

- 到25号用户退会为止，已经覆盖了正例11个用户中的全部（11个）用户，且负例14个用户中的全部（14个）用户也都已被覆盖。因此，真阳性率=11/11，假阳性率=14/14。

用户详细的数据、假阳性率和真阳性率见表4.6。

表4.6 用户的假阳性率和真阳性率

用　户	预测退会概率	实　际	假阳性率	真阳性率
1	0.98	已退会	0/14	1/11
2	0.95	已退会	0/14	2/11
3	0.90	没有退会	1/14	2/11
4	0.87	已退会	1/14	3/11
5	0.85	没有退会	2/14	3/11
6	0.80	没有退会	3/14	3/11
7	0.75	已退会	3/14	4/11
8	0.71	已退会	3/14	5/11
9	0.63	已退会	3/14	6/11
10	0.55	没有退会	4/14	6/11
11	0.51	没有退会	5/14	6/11
12	0.47	已退会	5/14	7/11
13	0.43	没有退会	6/14	7/11
14	0.38	没有退会	7/14	7/11
15	0.35	没有退会	8/14	7/11
16	0.31	已退会	8/14	8/11
17	0.28	已退会	8/14	9/11
18	0.24	没有退会	9/14	9/11
19	0.22	没有退会	10/14	9/11
20	0.19	已退会	10/14	10/11
21	0.15	没有退会	11/14	10/11
22	0.12	没有退会	12/14	10/11
23	0.08	已退会	12/14	11/11
24	0.04	没有退会	13/14	11/11
25	0.01	没有退会	14/14	11/11

ROC曲线在水平轴上表现假阳性率，在垂直轴上表现真阳性率。我们可以使用以下流程绘制该曲线。

首先，创建一列假阳性率和真阳性率的ndarray，变量名分别为fpr（false positive rate）和tpr（true positive rate）。fpr列是通过将表4.6“假阳性率”列中的分子列表转换为NumPy序列，然后除以分母14来创建的；tpr列也是对表4.6的“真阳性率”列进行同样的处理而制作的。绘制一个折线图，其中fpr在水平轴上绘制，tpr在垂直轴上绘制，如图4.67所示。

In

```
import numpy as np
import matplotlib.pyplot as plt
# 计算假阳性率和真阳性率
fpr = np.array([0, 0, 0, 1, 1, 2, 3, 3, 3, 3, 4, 5, 5, 6, 7, 8, 8,
                8, 9, 10, 10, 11, 12, 12, 13, 14])/14
tpr = np.array([0, 1, 2, 2, 3, 3, 3, 4, 5, 6, 6, 6, 7, 7, 7, 7, 8,
                9, 9, 9, 10, 10, 10, 11, 11, 11])/11
# 绘制ROC曲线
fig, ax = plt.subplots()
ax.step(fpr, tpr)
ax.set_xlabel('false positive rate')
ax.set_ylabel('true positive rate')
plt.show()
```

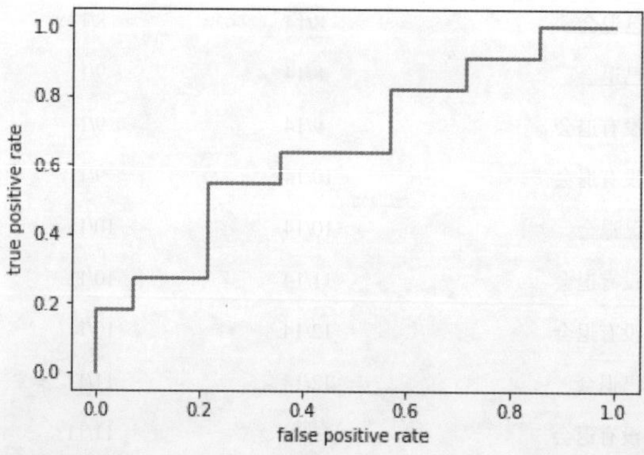

图4.67 ROC曲线（一）

AUC是ROC曲线底部的一组图形，其宽度在水平轴上，长度在垂直轴上。例如，最左侧矩形的宽度为1/14，长度为2/11，因此其面积为1/14 × 2/11。同样，如果要计算出所有矩形的面积，则使用以下公式。

$$\begin{aligned}\mathrm{AUC} &= \frac{1}{14}\times\frac{2}{11}+\frac{2}{14}\times\frac{3}{11}+\frac{2}{14}\times\frac{6}{11}+\frac{3}{14}\times\frac{7}{11} \\ &+\frac{2}{14}\times\frac{9}{11}+\frac{2}{14}\times\frac{10}{11}+\frac{2}{14}\times\frac{11}{11}=0.6558442\end{aligned} \tag{4.22}$$

AUC的值越接近1，概率越高的样本就越倾向于正例，而概率相对较低的样本则更倾向于负例。因此，可以根据概率的大小区分正例和负例。能够从数据中推断这种概率的模型具有很好的分类能力。使用AUC可以比较模型之间的“优点”。

另外，AUC值越接近0.5，就越无法根据概率的大小区分正例和负例，这意味着正例和负例是随机混合的。

ROC曲线的真阳性率和假阳性率可以通过metrics模块中的roc_curve函数计算。下面的示例通过给roc_curve函数一个标签来计算假阳性率、真阳性率和阈值，该标签标识前面的25个用户中每个用户是否退会。

In

```
from sklearn.metrics import roc_curve
# 表示每个用户是否已退会的标签
labels = np.array([1, 1, 0, 1, 0, 0, 1, 1, 1, 0, 0, 1, 0, 0, 0, 1,
                   1, 0, 0, 1, 0, 0, 1, 0, 0])
# 各用户的预测退会概率
probs = np.array([0.98, 0.95, 0.9, 0.87, 0.85,
                  0.8, 0.75, 0.71, 0.63, 0.55,
                  0.51, 0.47, 0.43, 0.38, 0.35,
                  0.31, 0.28, 0.24, 0.22, 0.19,
                  0.15, 0.12, 0.08, 0.04, 0.01])
# 计算假阳性率、真阳性率和阈值
fpr, tpr, threshold = roc_curve(labels, probs)
print('假阳性率：', fpr)
print('真阳性率：', tpr)
```

Out

```
假阳性率：  [0.         0.         0.07142857 0.07142857 0.21428571 0.21428571
0.35714286 0.35714286 0.57142857 0.57142857 0.71428571 0.71428571
0.85714286 0.85714286 1.        ]

真阳性率：  [0.09090909 0.18181818 0.18181818 0.27272727 0.27272727 0.54545455
0.54545455 0.63636364 0.63636364 0.81818182 0.81818182 0.90909091
```

```
0.90909091  1.          1.          ]
```

计算出的假阳性率和真阳性率可以像前面一样绘制ROC曲线，如图4.68所示。

In

```
# 绘制ROC曲线
fig, ax = plt.subplots()
ax.step(fpr, tpr)
ax.set_xlabel('false positive rate')
ax.set_ylabel('true positive rate')
plt.show()
```

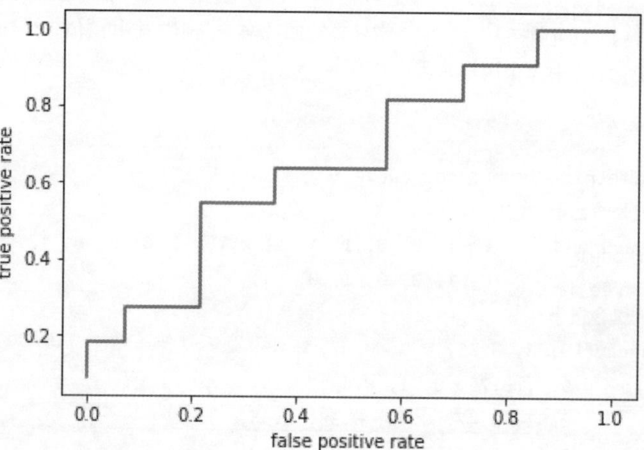

图4.68 ROC曲线（二）

可以使用metrics模块中的roc_auc_score函数计算AUC。roc_auc_score函数的第1个参数为类别的标签，第2个参数为概率。

In

```
from sklearn.metrics import roc_auc_score
# 计算AUC
roc_auc_score(labels, probs)
```

Out

```
0.6558441558441558
```

4.4.6 超参数优化

机器学习算法有一个称为超参数的参数。此参数的值在学习过程中不确定，必须由用户单独指定。例如，决策树的树根深度和随机森林中决策树的数量就是超参数的示例。优化超参数的典型方法有网格搜索（grid search）和随机搜索（random search）两种，此处仅讨论网格搜索。 网格搜索是一种指定超参数候选的方法，通过每个超参数来选择测试数据集的最佳预测值。其中将网格搜索与交叉验证相结合的方法十分常用。此方法将学习数据集分为学习和验证两部分，对于每个候选超参数进行多次重复学习和评估。下面介绍的GridSearchCV类也包含了此功能。

现在，让我们计算决策树深度的最佳值。例如，以下示例将Iris数据集分别导入学习数据集和测试数据集。然后，实例化决策树的DecisionTreeClassifier类和GridSearchCV类在进行10折交叉验证的同时，确定决策树的最佳深度值。

通过指定GridSearchCV参数param_grid与参数名称和值列表相关联的字典，选择3、4或5的决策树深度。注意，除非在参数cv中显式指定StratifiedKFold类或Kfold类的实例，否则GridSearchCV每次运行的结果都是不同的。

In

```
from sklearn.datasets import load_iris
from sklearn.model_selection import GridSearchCV
from sklearn.tree import DecisionTreeClassifier
from sklearn.model_selection import train_test_split

# 加载Iris数据集
iris = load_iris()
X, y = iris.data, iris.target
# 分为学习数据集和测试数据集
X_train, X_test, y_train, y_test = train_test_split(X, y, test_size=0.3,
                                                    random_state=123)
# 实例化决策树
clf = DecisionTreeClassifier()
param_grid = {'max_depth': [3, 4, 5]}
# 执行10折交叉验证
cv = GridSearchCV(clf, param_grid=param_grid, cv=10)
cv.fit(X_train, y_train)
```

Out

```
GridSearchCV(cv=10, error_score='raise',
       estimator=DecisionTreeClassifier(class_weight=None,
       criterion='gini', max_depth=None,
```

```
            max_features=None, max_leaf_nodes=None,
            min_impurity_decrease=0.0, min_ impurity_split=None,
            min_samples_leaf=1, min_samples_split=2,
            min_weight_fraction_leaf=0.0,  presort=False,
            random_state=None,splitter='best'),
        fit_params={}, iid=True, n_jobs=1,
        param_grid={'max_depth': [3, 4, 5]}, pre_dispatch='2*n_jobs',
        refit=True, scoring=None, verbose=0)
```

可以通过属性best_params_来确定预估的决策树最佳深度。

In

```
# 确定最佳深度
cv.best_params_
```

Out

```
{'max_depth': 4}
```

最佳深度预估为4。可以通过属性best_estimator_确定最佳模型。

In

```
# 确定最佳模型
cv.best_estimator_
```

Out

```
DecisionTreeClassifier(class_weight=None, criterion='gini', max_depth=4,
        max_features=None, max_leaf_nodes=None,
        min_impurity_decrease=0.0, min_impurity_ split=None,
        min_samples_leaf=1, min_samples_split=2,
        min_weight_fraction_leaf=0.0, presort= False, random_state=None,
        splitter='best')
```

要使用最佳模型进行预测，可以使用predict方法。

In

```
# 预测测试数据的类标签
y_pred = cv.predict(X_test)
y_pred
```

Out

```
array([1, 2, 2, 1, 0, 2, 1, 0, 0, 1, 2, 0, 1, 2, 2, 2, 0, 0, 1, 0, 0, 1,
       0, 2, 0, 0, 0, 2, 2, 0, 2, 1, 0, 0, 1, 1, 2, 0, 0, 1, 1, 0, 2, 2,
       2])
```

可以看到，分类结果被估计为1，2，2，1，0，…。

4.4.7 聚类

聚类是指通过设置标准计算数据之间的相似性，并将数据组合到聚类（簇）中的任务。聚类通常是“无监督学习”的典型任务。其中，“无监督”意味着没有正确的聚类信息。因此，对于获得聚类的有效性，没有绝对的答案，业务人员和数据分析工程师每次都需要进行判断。

本小节介绍两种聚类算法：k–means和分层聚类（hierarchical clustering）。

k–means

如图4.69所示，k–means使用以下步骤对数据进行聚类。

（1）使用随机分配给各聚类分配中心簇标签，作为各聚类的中心（也可以随机给出各聚类的中心）。

（2）将最接近聚类中心的簇作为聚类的新标签。

（3）将各聚类的中心簇作为新的聚类中心。

重复步骤（2）和步骤（3），直到聚类中心收敛。

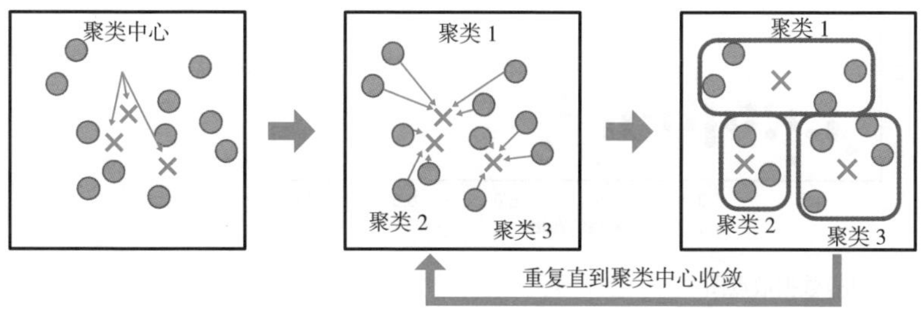

图4.69 k–means执行步骤

首先对Iris数据集进行聚类。为了使聚类结果在二维上可视化，我们从顶部提取100行，并在第1列和第3列中提取两个变量，以便将聚类结果限制为3个品种中的2个。第1列和第3列分别表示Sepal Length（花萼长度）和Petal Length（花瓣长度）。

In

```
from sklearn.datasets import load_iris
# Iris导入数据集
iris = load_iris()
data = iris.data
# 提取第1列和第3列
X = data[:100, [0, 2]]
```

尝试将这两个变量绘制成二维散点图，如图4.70所示。

In

```
import matplotlib.pyplot as plt
#绘制散点图
fig, ax = plt.subplots()
ax.scatter(X[:, 0], X[:, 1])
ax.set_xlabel('Sepal Width')
ax.set_ylabel('Petal Width')
plt.show()
```

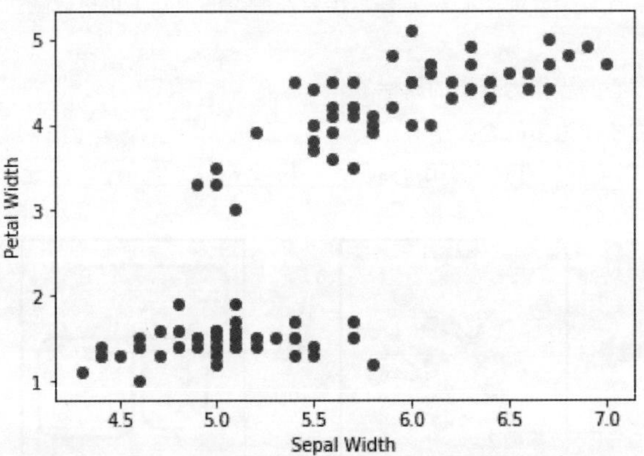

图4.70 Iris数据散点图

可以看到，垂直轴上Petal Width小于或等于2的区域中存在数据聚类情况。可在聚类分析的结果中查看该区域的详细信息。注意，这里可能是一个验证点。

以3个聚类运行k-means。实例化cluster模块中的KMeans类，并将数据提供给fit_predict方法以执行聚类。在执行fit_predict方法的同时执行fit方法和predict方法，以同时执行学习和预测。fit_predict方法的返回值是每个数据的聚类编号。

In

```
from sklearn.cluster import KMeans
# 生成具有3个聚类的KMeans实例
km = KMeans(n_clusters=3, init='random', n_init=10, random_
state=123)
# KMeans运行
y_km = km.fit_predict(X)
```

KMeans类参数的含义见表4.7。

表4.7 KMeans类参数的含义说明

参数	说明
n_clusters	聚类数量
init	给出初始值，上面的示例指定了random，初始值是随机的。执行k-means ++方法，使初始聚类的中心位于较远的位置
n_init	执行k-means的次数
max_iter	k-means最大迭代次数
tol	确定k-means收敛的允许误差
random_state	用于固定随机数种子的整数

由图4.71可以看到垂直轴上Petal Width小于或等于2的区域形成一个聚类（cluster 1），其他区域分成两个聚类。此外，每个聚类的中心用一个 × 表示。

In

```
import numpy as np
fig, ax = plt.subplots()
# 散点图（聚类1）
ax.scatter(X[y_km == 0, 0], X[y_km == 0, 1], s=50,
           edgecolor='black', marker='s', label= 'cluster 1')
# 聚类中心（聚类1）
ax.plot(np.mean(X[y_km == 0, 0]), np.mean(X[y_km == 0, 1]),
        marker='x', markersize=10, color='red')
#  散点图（聚类2）
ax.scatter(X[y_km == 1, 0], X[y_km == 1, 1], s=50,
           edgecolor='black', marker='o', label='cluster 2')
# 聚类中心（聚类2）
ax.plot(np.mean(X[y_km == 1, 0]), np.mean(X[y_km == 1, 1]),
        marker='x', markersize=10, color='red')
```

```
#  散点图（聚类3）
ax.scatter(X[y_km == 2, 0], X[y_km == 2, 1], s=50,
           edgecolor='black', marker='v', label='cluster 3')
# 聚类中心（聚类3）
ax.plot(np.mean(X[y_km ==2, 0]), np.mean(X[y_km == 2, 1]),
        marker='x', markersize=10, color='red')
ax.set_xlabel('Sepal Width')
ax.set_ylabel('Petal Width')
ax.legend()
plt.show()
```

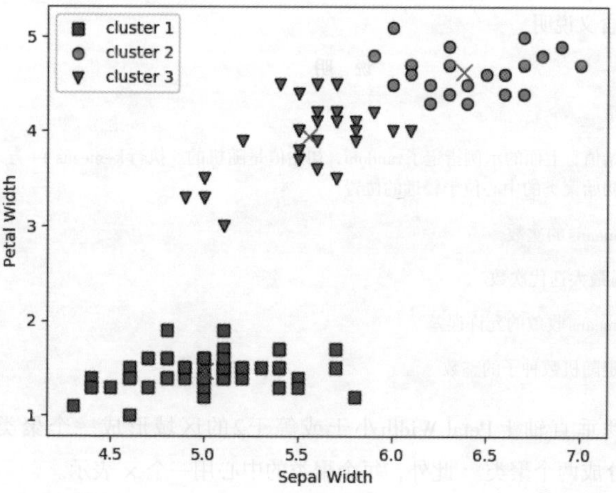

图4.71 使用k-means进行聚类的结果

分层聚类

分层聚类可以大致分为凝聚型和拆分型两种类型。凝聚型的分层聚类是一种聚类方法，首先将相似的数据集中在一起形成一个小聚类，然后将与该聚类相似的数据进一步集中在一起，直到最终将数据集中在一个聚类中为止，是一种“朴素的一点一点地总结数据”的方法。而拆分型分层聚类是一种先假设所有数据都属于一个聚类，再对聚类进行拆分的方法。这里讲解凝聚型分层聚类。

可以使用cluster模块中的AgglomerativeClustering类在scikit-learn上执行凝聚型分层聚类分析。在以下示例中，使用欧几里得距离作为数据之间的距离，并使用最长距离法作为聚类方法来执行凝聚型分层聚类，最终提取聚类数为3的聚类。欧几里得距离见第3.2节中的“向量及其运算”部分。所谓最大距离，就是指把聚类组合在一起时，将每个聚类的数据中最远的距离作为聚类之间距离的算法。

In

```
from sklearn.cluster import AgglomerativeClustering
# 生成凝聚型分层聚类实例
ac = AgglomerativeClustering(n_clusters=3, affinity='euclidean',
linkage='complete')
# 运行聚类并获取每个聚类的聚类编号
labels = ac.fit_predict(X)
labels
```

Out

```
array([1, 1, 1, 1, 1, 1, 1, 1, 1, 1, 1, 1, 1, 1, 1, 1, 1, 1, 1, 1, 1, 1,
       1, 1, 1, 1, 1, 1, 1, 1, 1, 1, 1, 1, 1, 1, 1, 1, 1, 1, 1, 1, 1, 1,
       1, 1, 1, 1, 1, 1, 2, 2, 2, 0, 2, 0, 2, 0, 2, 0, 0, 0, 0, 2, 0, 2,
       0, 0, 2, 0, 2, 0, 2, 2, 2, 2, 2, 2, 2, 0, 0, 0, 0, 2, 0, 2, 2, 2,
       0, 0, 0, 2, 0, 0, 0, 0, 0, 2, 0, 0])
```

将上述执行凝聚型分层聚类的结果绘制在树形图上，如图4.72所示。

In

```
import numpy as np
from scipy.cluster.hierarchy import dendrogram
# 提取与子聚类的关系
children = ac.children_
# 提取聚类之间的距离
distance = np.arange(children.shape[0])
# 各数据的观测序号
no_of_observations = np.arange(2, children.shape[0]+2)
# 在列方向上耦合子聚类、聚类之间的距离和观测编号
linkage_matrix  = np.hstack((children,
                  distance[:, np.newaxis],
                  no_of_observations[:, np.newaxis])).astype(float)
# 绘制树形图
fig, ax = plt.subplots(figsize=(15, 3), dpi=300)
dendrogram(linkage_matrix, labels=np.arange(100), leaf_ font_size=8,
color_threshold=np.inf)
plt.show()
```

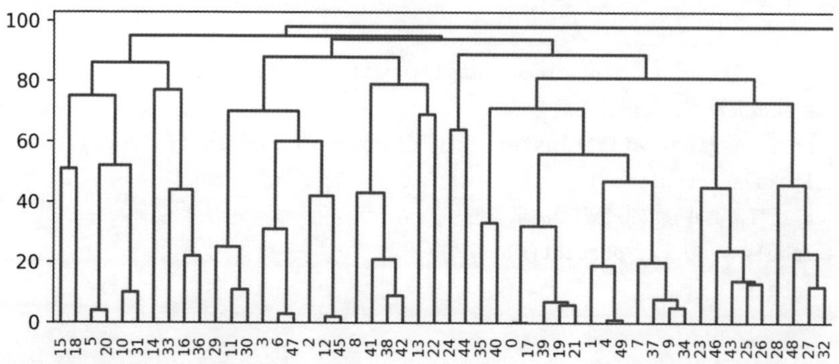

图4.72 分层聚类的树形图

注意，这里树状图放大了一部分，因为当显示整体时，字符变得难以看到。由此可以看出，纵轴用小值（大约5～10）连接的聚类聚合得比较快，大值的聚类聚合得比较晚。例如，从左端开始的第3个和第4个索引为5和20的数据比较快地合并，又可观察到10和31的数据与纵轴上的值在50附近合并。

以上就是使用scikit-learn进行机器学习的基础知识。scikit-learn是一个库，在该库中，类和函数的模块可能会因版本不同而相对不同。因此，请查看以下官方网站，了解最新的稳定版API。

● API Reference

URL http://scikit-learn.org/stable/modules/classes.html

CHAPTER 5

应用：数据采集和加工

在前面的章节中，我们已经学习了Python的分析工具和进行分析所需的数学基础。但是要掌握的远远不仅于此，在实际的数据分析中，收集数据、将自然语言和图像等数据转换为可分析的形式也是很重要的。因此，从本章开始，学习从网页中收集信息并创建数据的网络爬虫（Web scraping）技术，以及处理自然语言和图像数据并将其转换为可应用机器学习算法格式的过程。

5.1 数据采集

互联网上有大量的信息，很适合作为数据分析的题材。然而，HTML是Web浏览器的格式，不能直接兼容于数据分析工具。本节介绍从网页收集数据的数据采集（俗称“爬虫”）技术，学习如何创建执行爬虫的Python程序并实践从网页中获取数据。

5.1.1 什么是“爬虫”

爬虫是指从互联网上的网页中获取信息的程序或脚本。互联网上的各种信息都是以“人”的阅读为设想目标而制作的，而不是给“程序”阅读的。许多网页的内容都是用HTML格式实现的，但它是一个复杂的结构，其中混合了HTML标签和显示内容的文本、指示字符的大小、颜色、布局等元素。因此，将HTML中的数据部分合并到程序中并不简单。

为了在程序中使用网页的内容，在网页信息中提取必要的元素的操作称为“爬虫”。爬虫被用作数据收集的手段之一。

5.1.2 爬虫环境的准备

首先做好进行爬虫操作的环境准备。在pydataenv虚拟环境中安装两个第三方软件包。

```
(pydataenv) $ pip install requests==2.19.1
(pydataenv) $ pip install beautifulsoup4==4.6.0
```

下面对安装的软件包进行说明。

Requests

Requests访问Web站点而不是Web浏览器，并通过HTTP发送和接收数据。

● Requests网站

URL http://docs.python-requests.org/

BeautifulSoup 4

BeautifulSoup 4是解析HTML与XML来提取数据的解析器。需要注意的是，如果错误地指定了BeautifulSoup，就会默认安装成旧的版本。

● BeautifulSoup网站

URL https://www.crummy.com/software/BeautifulSoup/bs4/doc/

5.1.3 下载网页

首先使用Requests检索网页信息。 在本例中，我们将获取有关CodeZine的信息作为示例，如图5.1所示。

● CodeZine

URL https://codezine.jp/

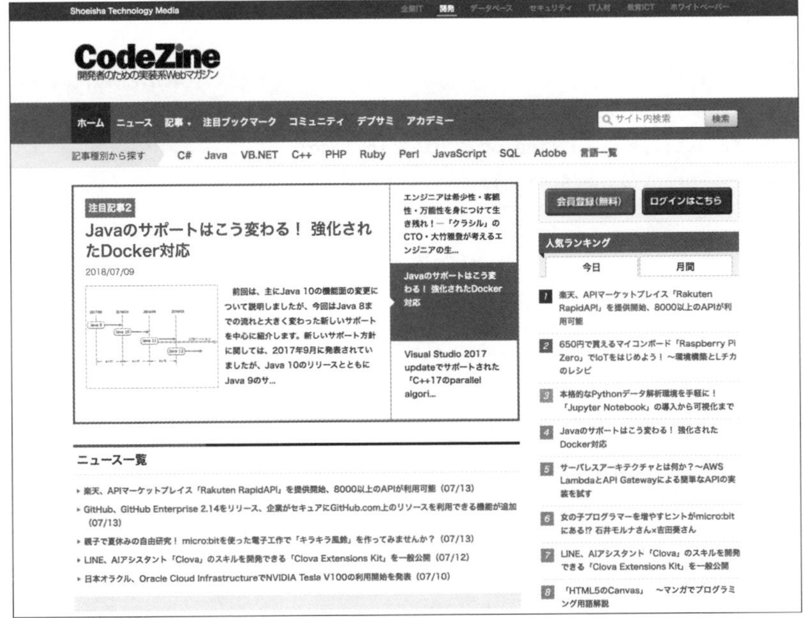

图5.1 CodeZine的首页

导入requests并在get函数中指定URL后，将生成并返回一个包含该URL信息的Response对象。

In

```
import requests


r = requests.get('https://codezine.jp/')          #访问URL
print(type(r))
print(r.status_code)                              #检查状态代码
```

结果如下所示，表明访问成功（200）。

Out

```
<class 'requests.models.Response'>
200
```

提取页面内容（HTML）以及<title>标签和<h1>标签的元素内容。

In

```
text = r.text                                     # 获取HTML源代码
for line in text.split('\n'):
    if '<title>' in line or '<h1>' in line:
        print(line.strip())
```

结果如下所示，可以确认HTML的内容是正确的。另外，根据提取网页的内容以及时间的不同，结果也可能发生变化。

Out

```
<title>CodeZine（CodeZine）</title>
<h1><a href="/"><img src="/lib/img/cmn/cmn-header-logo.png" alt="CodeZine
（CodeZine）" ></a></h1>
```

5.1.4　从网页中提取元素

在上面的示例中，通过in运算符从HTML中检索所需的元素。虽然也可以使用正则表达式，但无论如何从复杂的HTML中提取任意元素都是很困难的。因此可以对HTML进行解析以使其更容易查找元素。

使用BeautifulSoup 4，可以解析HTML并检索任意元素（如标签）。下面的代码将从刚才的HTML中提取<title>等标签元素。

In

```
from bs4 import BeautifulSoup

# 生成解析HTML的对象
soup = BeautifulSoup(text, 'html.parser')
print(soup.title)                        # 提取<title> 标签中的信息
print(soup.h1)                           # 提取 <h1> 标签中的信息
# h1标签中的a标签中的img 标签中的alt 属性
print(soup.h1.a.img['alt'])
```

Out

```
<title>CodeZine（CodeZine）</title>
<h1><a href="/"><img alt="CodeZine（CodeZine）" src="/lib/img/cmn/
cmn-header-logo.png"/></a></h1>
CodeZine（CodeZine）
```

使用find_all方法，可以检索HTML中现有参数指定的所有标签。下面的代码将提取刚才页面中的所有<a>标签，并显示了数量。然后，提取前5个字符串和href属性的内容（结果取决于HTML的结构）。

In

```
atags = soup.find_all('a')                # 提取所有的<a>标签
print('a标签的数量：', len(atags))          # 提取<a>标签
for atag in atags[:5]:
    print('标题：', atag.text)             # 提取<a>标签的标题
    print('链接：', atag['href'])          # 提取<a>标签的链接
```

Out

```
a标签的数量： 178
标题：转到此页的正文
链接：#contents
标题：企业IT
链接：https://enterprisezine.jp/
标题：开发
链接： https://codezine.jp/
标题：数据库
链接：https://enterprisezine.jp/dbonline/
标题：安全性
链接： https://enterprisezine.jp/securityonline/
```

5.1.5 提取信息的一览表

在了解Requests和BeautifulSoup 4的基本使用方法后，本小节将通过网页抓取来进行数据收集。CodeZine有一个页面，列出了每个标签的相关报道。在这里，我们将从带有Python标记的报道列表页中获取每篇报道的日期和标题。

- CodeZine

URL https://codezine.jp/article/tag/223

报道一览表如图5.2所示，我们想从这个页面中提取出以下信息。

- 日期：报道的发布日期。
- 标题：报道的标题。
- URL：报道正文的URL。
- 标记："Python""报告"等文章的标记信息。

图5.2 Python标签报道列表

在开始编写程序前，请检查HTML的结构。文章列表部分的HTML如下所示。

```
<div style="clear:both"></div>
<ul class="catList">
<li id="10865">
  <figure><a href="/article/detail/10865"><img width= "80" height="60" src="/static/images/article/10865/10865_t.png" alt=""></a></figure>
  <div class="boxWrap">
   <div class="day">2018/07/05 </div>
```

```
    <h2><a href="/article/detail/10865">クイズ王たちを凌駕する早押しクイズAIはこ➡
う作る~PyData.Tokyo Meetup #18イベントレポート</a></h2>
    <p> 国際学会で早押しクイズAIコンペティションが併催された。ここで優勝し➡
たAIについて、Studio Ousia CTO 山田育矢氏がどのような仕組みになっているか➡
解説した。質問文からどのように解答候補を編み出し、何をチェックし、最終的に➡
回答すると判断するまで4つのコンポーネントを組み合わせている。</p>
    <ul class="tag">
      <li><a href="/article/t/Python">Python</a></li>
      <li><a href="/article/t/%E3%83%AC%E3%83%9D%E3%83%BC%E3%83%88">レ➡
ポート</a></li>
    </ul>
  </div>
</li>
<li id="10917">
  <figure><a href="/article/detail/10917"><img width= "80"height="60" src="/static/➡
images/article/10917/10917_th.jpg"alt=""></a></figure>
    <div class="boxWrap">
<div class="day">2018/07/02 </div>
    <h2><a href="/article/detail/10917">本格的なPython データ解析環境を手軽に! ➡
「Jupyter Notebook」の導入から可視化まで</a></h2>
    <p> 本連載では、プログラミングの基本は理解していて、より実践的なデータ➡
解析に取り組みたい方を対象に、スクリプト言語によるデータ解析の実践を解説➡
します。スクリプト言語のなかでも特にデータ解析に役立つライブラリや環境が➡
整っているPythonを取り上げ、対話型解析ツールやライブラリについて導入から➡
解析の実行・可視化までを解説します。本稿ではブラウザで動作するOSSの対話型➡
データ解析ツール「Jupyter Notebook」を紹介します。導入から実際にPython➡
とライブラリを用いたデータ解析の実行、可視...</p>
    <ul class="tag">
      <li><a href="/article/t/Python">Python</a></li>
      <li><a href="/article/t/%E3%83%87%E3%83%BC%E3%82%BF%E5%88%86%
E6%9E%90">データ分析</a></li>
    </ul>
  </div>
</li>
...
</ul>
```

HTML的结构如下所示。

- 全篇报道都在<ul class=“catList”>中。
- 单篇报道在其中的<li>单元。

● <div class="day">中是日期。

● <h2>中的<a>是标题和链接。

● <ul class="tag">中有标签信息，各个标签都有<li>，可从这些信息中提取数据。

In

```
from datetime import datetime

import requests
from bs4 import BeautifulSoup

r = requests.get('https://codezine.jp/article/tag/223')
soup = BeautifulSoup(r.text, 'html.parser')

articles = []                       # 包含每篇报道信息的列表

# 在CSS选择器提取 <ul class="catList"><li>
lis = soup.select('ul.catList > li')
for li in lis:
    # 获取日期字符串
    day = li.find('div', class_='day').text.strip()
    # 将日期转换为datetime
    published = datetime.strptime(day, '%Y/%m/%d')
    h2_tag = li.find('h2')          # 提取h2 标签
    title = h2_tag.text             # 提取标题
    url = h2_tag.a['href']          # 提取URL

    tag_list = li.select('ul.tag > li')           # 提取标签li元素
    # 生成标签列
    tags = [tag.text.strip() for tag in tag_list]

    article = {
        'published': published,
        'title': title,
        'url': url,
        'tags': tags
    }
    articles.append(article)
```

查看前3个，我们会发现网页的内容被正确地抓取并生成了数据。

In

```
articles[:3]
```

Out

```
[{'published': datetime.datetime(2018, 7, 5, 0, 0),
  'title': 'クイズ王たちを凌駕する早押しクイズAIはこう作る~PyData.Tokyo Meetup➡
# 18 イベントレポート',
  'url': '/article/detail/10865',
  'tags': ['Python', 'レポート']},
 {'published': datetime.datetime(2018, 7, 2, 0, 0),
  'title': '本格的なPythonデータ解析環境を手軽に!「Jupyter Notebook」の導入から➡
可視化まで',
  'url': '/article/detail/10917',
  'tags': ['Python', 'データ分析']},
 {'published': datetime.datetime(2018, 5, 17, 0, 0),
  'title': '目指したのは気軽に深層学習を試せる本『TensorFlow開発入門』著者陣が➡
語る',
  'url': '/article/detail/10805',
  'tags': ['Python', 'インタビュー', 'TensorFlow', 'Keras']}]
```

然后，将文章列表的数据放入DataFrame中，作为分析数据使用。通过编写以下内容即可将articles转换为DataFrame。

In

```
import pandas as pd

df = pd.DataFrame(articles)  # 将字典转换为DataFrame
```

在这里，虽然只取得了第1页的报道信息，但是也可以改良这个程序，制作以下的抓取程序。

- 列表页面上只显示20个，因此获取下一页，共获取100个。
- 访问各报道的链接地址，取得各自报道的详细信息（作者、发表时间、页数等）。

5.1.6 网页抓取的注意事项

到目前为止，我们介绍了如何通过Python进行网页信息提取的方法。在实际进行Web信息提取时，有以下几点需要注意。

第一，检查网站是否允许通过程序访问。网站提供了一个名为robots.txt的文件，该文件定义了可通过程序访问的URL。

有关robots.txt的详细信息，请参阅Google Developers中的robots.txt规范。

● robots.txt的规范

URL https://developers.google.com/search/reference/robots_txt?hl=ja

第二，不要连续访问同一网站。如果想从程序中连续检索同一网站的文章可能会因为对该网站的大量访问，导致Web服务器的负荷加重。在某些情况下，网站可能会丢失，其他人也无法访问。如果要连续访问网站，请留出几秒钟的时间间隔。

5.1.7 后续步骤

为了更方便地进行网页信息提取，我们将介绍一些其他信息。

● 启用 JavaScript

前面介绍的Requests和BeautifulSoup 4组合无法提取JavaScript所显示的内容。例如，Google等搜索页面是用JavaScript获取搜索结果列表，因此使用Requests提取的HTML不包含搜索结果。

若要检索在JavaScript中查看的内容，必须在Web浏览器中加载JavaScript。这些应用需要以下工具。

- Selenium：自动使用Web浏览器的解析器。
- 无头浏览器(headless browser)：使用Selenium无界面Web浏览器。

● Selenium

URL https://www.seleniumhq.org/

● Web抓取框架：Scrapy

如果想要抓取大量页面，使用名为Scrapy的Web抓取框架会很方便。

● Scrapy

URL https://scrapy.org/

Scrapy是用Python编写的，提供了访问多个页面的关闭功能和从网页中提取信息的抓取功能。另外，还支持robots.txt和网站的访问间隔设置等。

5.2 自然语言处理

机器学习经常用于分析自然语言，如从文档中提取单词或推断文档所涉及的主题。本节以判定文档是肯定的还是否定的极性判定（负/正判定）为目标，对词素分析（将文档切分为具有意义的最小单位词素的方法）和根据词素分析的结果进行词袋的合计及TF-IDF等特征量计算的方法进行初步解说。

5.2.1 安装所需的库

在Python中执行自然语言处理的库包括以下几个。

- MeCab（http://taku910.github.io/mecab/）: MeCab是日本京都大学研究生院信息学研究科和NTT通信科学研究所协作项目中开发的开源词素分析引擎。MeCab是常用的日语词素分析引擎。
- Janome（http://mocobeta.github.io/janome/）: Janome是一个用Python编写的内容词典的词素分析引擎。没有依赖库，安装非常简单。
- gensim（https://radimrehurek.com/gensim/）: gensim是执行文档主题模型（判断文档所涉及的主题模型）的库，而且还提供了Word2Vec等方法。Word2Vec使用深度学习将单词用被分散表现的向量来表示。通过向量表示，可以计算单词意思的相近程度、也可以对关系进行加法和减法等。
- NLTK（https://www.nltk.org/）: NLTK是一个支持一般自然语言处理的库。用英语进行词素分析处理时，会用到这个库。

在这里，我们需要安装MeCab和gensim。MeCab在官方页面上介绍了在UNIX操作系统和Windows操作系统上安装MeCab的方法。下面对在macOS中的安装方法进行说明。

- MeCab官方网页

URL http://taku910.github.io/mecab/#install

在终端上运行brew命令，安装mecab-ipadic。通过安装MeCab的词典MeCab-ipadic，具有依存关系的MeCab的本体mecab也同时被安装上。

在macOS上安装时，安装macOS软件包管理器Homebrew是最方便的。可以通过在终端上执行以下命令来安装Homebrew。

● Homebrew

URL https://brew.sh/index_ja

```
$ /usr/bin/ruby -e "$(curl -fsSL https://raw.githubusercontent.com/Homebrew/install/master/install)"
```

Homebrew可以通过brew命令执行。

```
$ brew install mecab-ipadic
```

此外，要在Python中使用MeCab，必须安装mecab-python库（这里使用python3）。这个库可以通过pip命令安装。

```
(pydataenv) $ pip install mecab-python3
```

gensim也可以通过pip命令进行安装。

```
(pydataenv) $ pip install gensim
```

5.2.2 词素分析

本小节介绍使用MeCab进行词素分析的方法。在终端上有两种操作方法：执行mecab命令和执行mecab-python库。

mecab命令

在终端执行mecab命令，输入适当的句子。

在此，输入“吾輩は猫である”。（中文意思：我是猫）

```
$ mecab
吾輩は猫である
吾輩 名詞,代名詞,一般,*,*,*,吾輩,ワガハイ,ワガハイ
は 助詞,係助詞,*,*,*,*,は,ハ,ワ
猫 名詞,一般,*,*,*,*,猫,ネコ,ネコ
で 助動詞,*,*,*,特殊・ダ,連用形,だ,デ,デ
ある 助動詞,*,*,*,五段・ラ行アル,基本形,ある,アル,アル
EOS
```

以上是对输入的文档执行词素分析的结果。可以看出，句子中包含的词素逐个地与词性和活用形等信息一起用逗号分割。每行倒数第3个元素显示标准化（将单词词条化并转换为基本形的处理）后的词素（原形）。

输出形式如下所示。

```
表层形 词性，词类细分类1，词类细分类2，词类细分类3，活用型，活用型，原型，读法，发音
```

mecab-python库

使用mecab-python库在Python中执行词素分析。将Tagger类实例化，并在parse解析方法中以字符串指定句子。另外，在实例化Tagger类时，参数指定了'-Ochasen'。这样，就可以使用称为ChaSen的工具，以词素分析的输出形式执行。

In

```
import MeCab
text = '吾輩は猫である'
# 以Chasen输出形式显示词素分析结果
t = MeCab.Tagger('-Ochasen')
result = t.parse(text)
print(result)
```

Out

```
吾輩	ワガハイ	吾輩	名詞-代名詞-一般
は	ハ	は	助詞-係助詞
猫	ネコ	猫	名詞-一般
で	デ	だ	助動詞	特殊・ダ	連用形
ある	アル	ある	助動詞	五段・ラ行アル	基本形
EOS
```

变量result以字符串形式保存词素分析的执行结果。

In

```
# 确认词素分析的结果
result
```

Out

```
'吾輩\tワガハイ\t吾輩\t名詞-代名詞-一般\t\t\nは\tハ\tは\t助詞-係助詞 ➡
\t\t\n猫\tネコ\t猫\t名詞-一般\t\t\nで\tデ\tだ\t助動詞\t特殊・ダ ➡
\t連用形\nある\tアル\tある\t助動詞\t五段・ラ行アル\t基本形\nEOS\n'
```

如下一项所述，从词素分析的结果中提取表层系和原形等的处理在频繁地进行着。为此，必须将上述结果分割为按行以标签分隔的元素。首先，用换行符（\n）作为分隔符按行分割，然后用制表符（\t）作为分隔符分割成各种元素。另外，分割成各行后，最后两行不作为对象。其理由是，最后两行为EOS和空行，因此不需要分割为元素。

In

```
# 将词素分析的结果以换行符的形式分割
results = result.splitlines()
# EOS行不在对象内
for res in results[:-1]:
    # 将制表符作为分割符，分割成各个元素
    res_split = res.split('\t')
    print(res_split)
```

Out

```
['吾輩', 'ワガハイ', '吾輩', '名词-代名词-一般', '', '']
['は', 'ハ', 'は', '助词-系助词', '', '']
['猫', 'ネコ', '猫', '名词-一般', '', '']
['で', 'デ', 'だ', '助动词', '特殊・ダ', '連用形']
['ある', 'アル', 'ある', '助动词', '五段・ラ行アル', '基本形']
```

5.2.3 词袋

词袋（bag of words，BoW）是根据各语句的词素分析结果，计算每个词/单词的出现次数。另外，严格地讲，词素是比词/单词还小的单位，但在本小节中作为词/单词处理。

下面是使用MeCab对以下3个语句进行词素分析的示例。

- 子供が走る　　　　（中文意思：孩子跑）
- 車が走る　　　　　（中文意思：汽车行驶）
- 子供の脇を車が走る（中文意思：汽车在孩子旁边驶过）

In

```
import MeCab

documents = ['子供が走る', '車が走る', '子供の脇を車が走る']

words_list = []

# 用ChaSen的输出形式显示词素分析的结果
t = MeCab.Tagger('-Ochasen')
# 对各句执行词素分析
for s in documents:
    s_parsed = t.parse(s)
    words_s = []
    # 把各句的词素总结成列表
    for line in s_parsed.splitlines()[:-1]:
        words_s.append(line.split('\t')[0])
    words_list.append(words_s)

print(words_list)
```

Out

```
[['子供', 'が', '走る'], ['車', 'が', '走る'], ➡
 ['子供', 'の', '脇', 'を', '車', 'が', '走る']]
```

计算BoW时，在行是句子、列是词/单词的矩阵中保存每个句子中词/单词的出现次数。因此，每个词/单词都需要与对应的列关联起来。为此，需要创建一个词典，该词典保存与词/单词一一对应的整数。

In

```
#要生成的词典
word2int = {}
i = 0
# 对各语句的词列表重复处理
for words in words_list:
    # 对语句中的每个词重复处理
    for word in words:
```

```
        # 如果词不包含在词典中，则追加分配对应的整数
        if word not in word2int:
            word2int[word] = i
            i += 1
print(word2int)
```

Out

```
{'子供': 0, 'が': 1, '走る': 2, '車': 3, 'の': 4, ➡
'脇': 5, 'を': 6}
```

以上的结果，就是按下面所示进行了对应。

- '子供'对应整数0。
- 'が'对应整数1。
- '走る'对应整数2。

计算BoW，生成语句 × 词/单词的矩阵。

In

```
import numpy as np
# 计算BoW，生成语句×词/单词矩阵
bow = np.zeros((len(words_list), len(word2int)), dtype=np.int)
# 提取各行词并计算词出现的次数
for i, words in enumerate(words_list):
    for word in words:
        bow[i, word2int[word]] += 1
print(bow)
```

Out

```
[[1 1 1 0 0 0 0]
 [0 1 1 1 0 0 0]
 [1 1 1 1 1 1 1]]
```

得到的矩阵表示3个语句中7个词出现的次数。如果没有列名，可能很难把握与哪个词对应。我们可以转换为pandas数据帧并为其赋予词列名，以便更好地理解。

In

```
import pandas as pd
```

```
pd.DataFrame(bow, columns=list(word2int))
```

Out

	子供	が	走る	車	の	脇	を
0	1	1	1	0	0	0	0
1	0	1	1	1	0	0	0
2	1	1	1	1	1	1	1

使用gensim库的计算

到目前为止，都是根据MeCab的词素分析结果，对各语句中出现的词/单词进行计数。

还有一种利用gensim库进行BoW的计算方法，在此一并介绍。

首先使用gensim库制作词典。通过实例化corpora模块的Dictionary类来创建词典；实例化时，将上述创建的变量words_list指定为参数。

In

```
from gensim import corpora
# 制作词典
word2int_gs = corpora.Dictionary(words_list)
print(word2int_gs)
```

Out

```
Dictionary(7 unique tokens:['が', '子供', '走る', '車', 'の']...)
```

可以确认词典中保存了7个词，每个词都表示为整数。词和这个整数的对应可以参照属性token2id。

In

```
# 词和整数的对应
print(word2int_gs.token2id)
```

Out

```
{'が': 0, '子供': 1, '走る': 2, '車': 3, 'の': 4, 'を': 5, '脇': 6}
```

下面计算各语句中各个词出现的次数。首先，当输入语句中出现词列表时，

Dictionary类的doc2bow方法会将表示单词的整数及其出现次数以元组列表的形式返回。例如，输入第1个语句中的词列表，则返回以下结果。

In

```
# 计算第1个语句中单词的出现次数
print(word2int_gs.doc2bow(words_list[0]))
```

Out

```
[(0, 1), (1, 1), (2, 1)]
```

我们对结果的查阅方法进行说明。返回的列表的第1个元素(0,1)表示词0（'が'）出现了一次；同样地，（1,1）表示词1（'子供'）出现了一次，而(2,1)表示词2（'走る'）出现了一次。

doc2bow方法是将一个语句中出现的词列表作为输入。因此，对于多个语句，需要将此方法重复应用于多个语句。要使用doc2bow方法计算多个语句的BoW，并最终生成语句 × 词/单词矩阵，可以使用gensim库中matutils模块的corpus2dense函数。

In

```
import numpy as np
from gensim import matutils
# 计算BoW，生成语句×词/单词的矩阵
bow_gs = np.array(
           [matutils.corpus2dense(
              [word2int_gs.doc2bow(words)],
              num_terms=len(word2int)).T[0]
              for words in words_list]
         ).astype(np.int)
print(bow_gs)
```

Out

```
[[1 1 1 0 0 0 0]
 [1 0 1 1 0 0 0]
 [1 1 1 1 1 1 1]]
```

In

```
# 转换为pandas数据帧
```

```
bow_gs_df = pd.DataFrame(bow_gs, columns=list(word2int_gs.values()))

bow_gs_df
```

Out

	が	子供	走る	車	の	を	脇
0	1	1	1	0	0	0	0
1	1	0	1	1	0	0	0
2	1	1	1	1	1	1	1

使用scikit-learn的计算

也可以使用scikit-learn的feature_extraction.text.CountVectorizer类计算BoW。要使用这种类计算BoW，需要生成一个以空格分隔词/单词排列的句子。

In

```
# 生成将词/单词以空格分隔的句子
words_split = np.array([' '.join(words) for words in words_list])

print(words_split)
```

Out

```
['子供 が 走る' '車 が 走る' '子供 の 脇 を 車 が 走る']
```

实例化CountVectorizer，并在fit_transform方法中输入上述生成的句子列表。因为fit_transform方法的返回值为稀疏矩阵（大多数元素为0的矩阵）的数据形式，所以我们使用toarray方法将其转换为普通的NumPy数组。

In

```
from sklearn.feature_extraction.text import CountVectorizer

# 计算Bag of Words
vectorizer = CountVectorizer(token_pattern=u'(?u)\\b\\w+\\b')
bow_vec = vectorizer.fit_transform(words_split)
# 转换为NumPy数组
bow_vec.toarray()
```

Out

```
array([[1, 0, 0, 1, 0, 1, 0],
       [1, 0, 0, 0, 0, 1, 1],
       [1, 1, 1, 1, 1, 1, 1]], dtype=int64)
```

若要查找表示BoW的矩阵中每列对应的词，请使用CountVectorizer类的get_feature_names方法。

In

```
vectorizer.get_feature_names()
```

Out

```
['が', 'の', 'を', '子供', '脇', '走る', '車']
```

5.2.4 TF-IDF

前面讨论的BoW是计算每个单词在每个文本中出现的次数。但此方法无法区分出现在所有文本中的词/单词和仅出现在某些文本中的词/单词。

而TF-IDF（term frequency-inverse document frequency）提供了一种可以区分出现在所有文本中的词/单词和仅出现在某些文本中的词/单词的方法。为此，我们需要对被计数的词/单词的出现次数进行加权。

直观的说明

TF-IDF中的“TF”是Term Frequency（词频）的缩写，是针对某一个文本中的一个词/单词所定的指标。TF是衡量“一个单词占一个文本中所有词/单词出现次数的比例”的指标。例如，对于“子供が走る”这一文本，根据词素分析的结果，分解为“子供”“が”“走る”3个部分，每个词各出现一次。因此，“子供”这一词的TF就是$\frac{1}{3}$。

而TF-IDF中的“IDF”是Inverse Document Frequency（反向文档频率）的缩写，是针对某一个词/单词所定的指标。IDF是衡量“某个词/单词出现的文本在所有文本中所占的比例”的指标。由于实际上是用这个比例的倒数取对数，所以IDF测量了这个词/单词在某些文本中的出现频率，而不是在整个文本中的出现频率。例如，在前面提到的3句话中，“脇”这个词只出现在“子供の脇を車が走る”这一文本中，因此，IDF计算为$\log\frac{3}{1}=\log 3$。

TF-IDF是由TF和IDF相乘得来的，也就是说，TF-IDF=TF × IDF。考虑到TF表示一个词/单词在一个文本中出现的频率，IDF表示词/单词在整个文本中出现的难易程度，由此可知，TF-IDF在以下条件下可取得较高的值。

- 对象词/单词在一篇文章中大量出现。
- 该词/单词并不是在整个文本中频繁出现，只出现在一部分特定的文本中。

也就是说，TF-IDF越高，表示仅出现在某些特定文本中的词/单词在所有文本中也大量出现。

公式说明

下面使用数学公式解释TF-IDF。首先将单词t在文本d中出现的次数用$n_{d,t}$表示，单词t出现的文本数用df_t表示，所有文本数用N表示，单词数用T表示。

TF-IDF由以下公式表示。

$$\mathrm{TF-IDF}_{d,t} = \mathrm{TF}_{d,t} \times \mathrm{IDF}_t \tag{5.1}$$

接下来，我们将讨论如何计算TF和IDF。

TF定义为单词t在文本d中所占的出现的单词总数百分比。因此，TF由以下公式表示。

$$\mathrm{TF}_{d,t} = \frac{n_{d,t}}{\sum_{t=1}^{T} n_{d,t}} \tag{5.2}$$

IDF定义为单词t出现的文本数df_t与总文本数N的比例倒数的对数。因此，IDF由以下公式定义。

$$\mathrm{IDF}_t = \log \frac{N}{\mathrm{df}_t} \tag{5.3}$$

使用scikit-learn计算

以上是TF-IDF的基本内容，但请注意，在后面将要讲解的scikit-learn的feature_extraction.text模块中，TfidfTransformer类将TF定义为每个文本中单词出现的次数，如下所示。

$$\mathrm{TF}_{d,t} = n_{d,t} \tag{5.4}$$

scikit-learn还提供了多种计算IDF的方法。此外，在计算TF和IDF后，TF-IDF的计算方法也进行了一些改进。在计算IDF后，还进行了归一化处理。

在scikit-learn的feature_extraction.text模块的TfidfTransformer类中，还可以通过在生成实例时指定参数use_idf=True，使用式（5.5）而不是式（5.3）来计算IDF。该公式对IDF计算中的对数的真数（取对数之前的值）和分子值分别加1。在分母上加

1是为了确保所有单词都是非零的值，以避免所谓的零除法导致计算结果不确定或不可能的情况。为配合分母加1的情况，分子也加了1。

$$\mathrm{IDF}_t = \log \frac{N+1}{\mathrm{df}_t + 1} \tag{5.5}$$

也可以将IDF加1来计算TF-IDF。加1是为了更正所有句子中出现的单词（即IDF为0的单词），使其不会被完全忽略。这是通过在实例化TfidfTransformer类时，指定smooth_idf=True参数来完成的。

$$\mathrm{TF-IDF}_{d,t} = \mathrm{TF}_{d,t} \times (\mathrm{IDF}_t + 1) \tag{5.6}$$

接着，对计算出的TF-IDF进行归一化。作为归一化方法，我们使用默认的L2归一化（对于每个文本，用每个单词的TF-IDF除以所有单词的TF-IDF的平方和的平方根）。

作为执行默认L2归一化的结果，TF-IDF归一化后的TF-IDF normalized可以用以下公式表示。

$$\begin{aligned}&\text{TF-IDF\_normalized}\\&=\frac{\mathrm{TF-IDF}_{d,t}}{\sqrt{\left(\mathrm{TF-IDF}_{d,1}\right)^2+\left(\mathrm{TF-IDF}_{d,2}\right)^2+\cdots+\left(\mathrm{TF-IDF}_{d,T}\right)^2}}\\&=\frac{\mathrm{TF-IDF}_{d,t}}{\sqrt{\sum_{j=1}^{T}\left(\mathrm{TF-IDF}_{d,j}\right)^2}}\end{aligned} \tag{5.7}$$

◎ TF-IDF 的计算

下面实际计算一下TF-IDF。在解释BoW的最后，我们将再次确认使用gensim库创建的每个文本中词/单词出现频率的数据。

In

```
bow_gs_df
```

Out

	が	子供	走る	車	の	を	脇
0	1	1	1	0	0	0	0
1	1	0	1	1	0	0	0
2	1	1	1	1	1	1	1

首先进行TF的计算，它表示每行中词的总出现次数，因此将直接使用先前计算

BoW得到的变量bow_gs。

In

```
# 使用BoW作为TF
tf = bow_gs
print(tf)
```

Out

```
[[1 1 1 0 0 0 0]
 [1 0 1 1 0 0 0]
 [1 1 1 1 1 1 1]]
```

接下来计算IDF。这里可以用式（5.5），表示每个词出现的文本数占全部文本数的比例的倒数取对数，因此可以计算如下。

In

```
# 计算IDF
idf = np.log((bow_gs.shape[0] + 1)/ (np.sum(bow_gs, axis=0, keepdims=0) + 1))

print(idf)
```

Out

```
[0.         0.28768207 0.         0.28768207 0.69314718 0.69314718
 0.69314718]
```

因此，TF-IDF计算如下。

In

```
# 计算TF-IDF
tf_idf = tf * (idf + 1)
tf_idf_normalized = tf_idf / np.sqrt(np.sum(tf_idf**2, axis=1, keepdims=True))
print(tf_idf_normalized)
```

Out

```
[[0.52284231 0.67325467 0.52284231 0.         0.         0.
  0.        ]
 [0.52284231 0.         0.52284231 0.67325467 0.         0.
  0.        ]
```

```
[0.26806191  0.34517852  0.26806191  0.34517852  0.45386827  0.45386827
   0.45386827]]
```

从以上结果来看，可以获取以下内容。

- 从第2列（词素="子供"）来看，TF-IDF在第1行的文本为0.67325467，在第2行的文本为0，在第3行的文本为0.34517852。
- 在第1行的文本中，"子供"的TF-IDF相对较高，从原来的句子看，被认为是一个合理的结果。

使用scikit-learn计算

我们还可以使用scikit-learn的feature_extraction.text模块中的TfidfTransformer类计算TF-IDF。实例化TfidfTransformer类并应用fit_transform方法。实例化时，指定参数use_idf=True，smooth_idf=True，并根据5.1节中描述的公式计算TF-IDF。此外，它还通过指定参数norm='l2'对TF-IDF进行L2归一化。

In

```
from sklearn.feature_extraction.text import TfidfTransformer
# 实例化TfidfTransformer类
tfidf = TfidfTransformer(use_idf=True, norm='l2', smooth_idf=True)
# 计算TF-IDF
print(tfidf.fit_transform(bow_gs).toarray())
```

Out

```
[[0.52284231 0.67325467 0.52284231 0.         0.         0.
   0.        ]
 [0.52284231 0.         0.52284231 0.67325467 0.         0.
   0.        ]
 [0.26806191  0.34517852  0.26806191  0.34517852  0.45386827  0.45386827
   0.45386827]]
```

从结果可得知，这种方法与不使用scikit-learn计算的结果相一致。

5.2.5 极性判定

作为对前面所学内容的实践应用，本小节将进行文本的极性判定（polarity determination）。极性判定用于判定各个文本是肯定的（积极的）还是否定的（消极的）的任务。

在这里，从青空文库中下载夏目漱石的《吾輩は猫である》并解压，就会出现名为wagahaiwa_nekodear.txt的文件，加载此文件。

●青空文库

URL https://www.aozora.gr.jp/

In

```
import zipfile
import urllib.request

# 下载青空文库中《吾輩は猫である》的文件
urllib.request.urlretrieve('https://www.aozora.gr.jp/ ➡
cards/000148/files/789_ruby_5639.zip', '789_ruby_5639.zip')
# 解压.zip文件并读取数据
with zipfile.ZipFile('789_ruby_5639.zip', 'r') as zipf:
    data = zipf.read('wagahaiwa_nekodearu.txt')    # bytesを変換
text = data.decode('shift_jis') # shift-jisに変換
```

然后，使用re库通过正则表达式删除拼音、注释等。

In

```
import re
# 删除拼音、注释、换行符等
text = re.split(r'\-{5,}', text)[2]
text = text.split('底本：')[0]
text = re.sub(r'《.+?》', '', text)
text = re.sub(r'［＃.+?］', '', text)
text = text.strip()
```

In

```
# 删除空格等
text = text.replace('\u3000', '')
# 删除换行符
text = text.replace('\r', '').replace('\n', '')
# “。”作为分隔符拆分
sentences = text.split('。')
print(sentences[:5])
```

Out

```
['一吾輩は猫である', '名前はまだ無い', 'どこで生れたかとんと見 ➡
当がつかぬ', '何でも薄暗いじめじめした所でニャーニャー泣いていた事だけ ➡
は記憶している', '吾輩はここで始めて人間というものを見た']
```

使用MeCab进行词素分析。提取每个文档中出现的单词并将其存储在列表中。

In

```
import MeCab

words_list = []

# 对每个句子进行词素分析
t = MeCab.Tagger('-Ochasen')
# 对每个文档重复处理（最后一个因为没有词而被排除）
for sentence in sentences[:-1]:
    sentence_parsed = t.parse(sentence)
    word_s = []
    # 对每个文档中出现的词列表重复处理
    for line in sentence_parsed.splitlines()[:-1]:
        word_s.append(line.split('\t')[2])
    words_list.append(word_s)

print(words_list[:10])
```

Out

```
[['一', '吾輩', 'は', '猫', 'だ', 'ある'], ['名前', ➡
'は', 'まだ', '無い'], ['どこ', 'で', '生れる', 'た', ➡
'か', 'とんと', '見当', 'が', 'つく', 'ぬ'], ['何', ➡
'でも', '薄暗い', 'じめじめ', 'する', 'た', '所', 'で', ➡
'*', '泣く', 'て', 'いた事', 'だけ', 'は', '記憶', 'する', ➡
'て', 'いる'], ['吾輩', 'は', 'ここ', 'で', '始める', ➡
'て', '人間', 'という', 'もの', 'を', '見る', 'た'], ➡
['しかも', 'あと', 'で', '聞く', 'と', 'それ', 'は', ➡
'書生', 'という', '人間', '中', 'で', '一番', '|', ➡
'獰悪', 'だ', '種族', 'だ', 'ある', 'た', 'そう', 'だ'], ➡
['この', '書生', 'という', 'の', 'は', '時々', '我々', ➡
'を', '捕える', 'て', '煮る', 'て', '食う', 'という', ➡
'話', 'だ', 'ある'], ['しかし', 'その', '当時', 'は', ➡
'何', 'という', '考', 'も', 'ない', 'た', 'から', '別段', ➡
'恐い', 'いとも', '思う', 'ない', 'た'], ['ただ', '彼', ➡
'の', '掌', 'に', '載せる', 'られる', 'て', 'スー', 'と', ➡
'持ち上げる', 'られる', 'た', '時', '何だか', 'フワフワ', ➡
'する', 'た', '感じ', 'が', 'ある', 'た', 'ばかり', 'だ', ➡
'ある'], ['掌', 'の', '上', 'で', '少し', '落ちつく', ➡
'て', '書生', 'の', '顔', 'を', '見る', 'た', 'の', ➡
'が', 'いわゆる', '人間', 'という', 'もの', 'の', '見る', ➡
'始', 'だ', 'ある', 'う']]
```

为了判定以上提取的词是积极的还是消极的，这里使用日本东北大学旧乾・冈崎研究室（现在名为乾・铃木研究室）提供的《日语评价极性辞典》[①]。

下载此词典，如下所示。

In

```
# 下载日语评价极性词典
urllib.request.urlretrieve('http://www.cl.ecei.tohoku.ac.jp/
resources/sent_lex/wago.121808.pn', 'wago.121808.pn')
```

① 日语评价极性辞典（用言篇）ver.1.0（2008年12月版）/ Japanese Sentiment Dictionary（Volume of Verbs and Adjectives）ver. 1.0.
著作者：东北大学 乾・冈崎研究室 / Author（s）: Inui-Okazaki Laboratory, Tohoku University
参考文献：小林NOZOMI，乾健太郎，松本裕治，立石健二，福岛俊一. 意见提取与评估的采集. 自然语言处理，Vol.12, No.3, pp.203-222, 2005. / Nozomi Kobayashi, Kentaro Inui, Yuji Matsumoto, Kenji Tateishi. Collecting Evaluative Expressions for Opinion Extraction, Journal of Natural Language Processing 12（3）, 203-222, 2005.

Out

```
('wago.121808.pn', <http.client.HTTPMessage at  x1125392b0>)
```

尝试使用pandas的read_csv函数读取字典。

In

```
# 读取日语评价极性词典
wago = pd.read_csv('wago.121808.pn', header=None, sep='\t')
wago.head(3)
```

Out

	0	1
0	ネガ（経験）	あがく
1	ネガ（経験）	あきらめる
2	ネガ（経験）	あきる

读取的词典的第2列是单词，第1列是表示该单词是积极的还是消极的标签。有4种类型的标签。

- ポジ（経験）
- ポジ（評価）
- ネガ（経験）
- ネガ（評価）

此处，标有“ポジ（経験）”和“ポジ（評価）”标签的单词表示积极的，标有“ネガ（経験）”和“ネガ（評価）”表示消极的。前者的得分为1，后者的得分为−1。下面创建一个将单词与分数相关联的词典。

In

```
# 创建词与分数对应的词典
word2score = {}
values = {'ポジ（経験）': 1, 'ポジ（評価）': 1, 'ネガ（経験））':-1, '
        ネガ（評価）': -1}
for word, label in zip(wago.loc[:, 1], wago.loc[:, 0]):
    word2score[word] = values[label]
```

查看变量word2score的前3个元素。

In

```
# 查看前3个元素
list(word2score.items())[:3]
```

Out

```
[('あがく', -1), ('あきらめる', -1), ('あきる', -1)]
# 三个词分别为：抵抗、放弃、厌倦
```

可以检查词和分数。然后计算每个文档的得分。在本例中，我们简单地将文档的分数作为文档中出现词的分数之和。

In

```
scores = []
# 计算每个文档的得分
for words in words_list:
    score = 0
    # 如果词出现在字典里，就加上它的分数
    for word in words:
        if word in word2score:
            score += word2score[word]
    scores.append(score)
```

将文档及其分数存储在pandas的DataFrame中。

In

```
scores_df = pd.DataFrame({'sentence': sentences[:-1], 'score':
scores}, columns=['sentence', 'score'])
scores_df.head(5)
```

Out

	sentence	score
0	一吾輩は猫である	0
1	名前はまだ無い	0
2	どこで生れたかとんと見当がつかぬ	0
3	何でも薄暗いじめじめした所でニャーニャー泣いていた事だ	-1
4	けは記憶している	0

提取5个高分语句。

In

```
# 按降序排序
scores_df_sorted = scores_df.sort_values('score', ascending=False)
# 提取5个高分语句
scores_df_sorted.head(5)
```

Out

	sentence	score
1428	四百六十五行から、四百七十三行を御覧になると分ります」 「希臘語ｌ云々はよした方がいい、さも希...	5
453	「厭きっぽいのじゃない薬が利かんのだ」「それだってせんだってじゅうは大変によく利くよく利くと...	5
3860	美しい? 美しくても構わんから、美しい獣と見做せばいいのである	4
5380	精神の修養を主張するところなぞは大に敬服していい」 「敬服していいかね	4
6768	これがぬすみ食をするとか、贋札を造るとか云うなら、まだ始末がいいが、音曲は人に隠しちゃ出来な...	3

同样，提取5个得分较低的语句。

5.3 图像数据处理

在图像数据中经常使用机器学习算法，如图像的分类和拍摄对象的检测等。本节将介绍图像数据处理的基础知识，然后使用机器学习算法执行用于对图像进行分类的代码。Python提供了一个可以轻松处理图像的库，并且可以将图像视为数字数据的集合，因此可以利用NumPy等知识。

5.3.1 准备要处理的图像

使用Python处理图像的方法有多种，但Pillow是较简单、备受欢迎的库。这是PIL（Python Image Library）的后续项目，该项目是从PIL的库派生的。首先，让我们使用pip命令进行安装。

```
(pydataenv) $ pip install pillow
```

先准备适当的图像，或者下载样本中使用的tiger.png。Pillow支持许多常见的图像格式，如PNG、JPEG、BMP和TIFF。若要从文件导入图像，可使用PIL.Image模块中的open函数。

In

```
from PIL import Image
sample = Image.open('tiger.png')
```

使用内置函数type可以识别图像的格式，并创建适当的对象。

In

```
type(sample)
```

Out

```
PIL.PngImagePlugin.PngImageFile
```

可以在Jupyter Notebook中运行魔术命令，以便在行内显示图像。只需输入变量名即可查看图像，如图5.3所示。

In

```
%matplotlib inline
sample
```

图5.3 tiger.png文件效果

 5.3.2 图像数据基础知识

本小节让我们使用Pillow库来了解图像数据的基本操作。

size是图像以像素为单位的大小。

In

```
sample.size
```

Out

```
(660, 700)
```

format和mode属性显示了图像的格式和颜色表示方式。

In

```
print(sample.format)
print(sample.mode)
```

Out

```
PNG
RGBA
```

颜色模式主要有在数码相机等拍摄的照片中使用的RGB、在此基础上添加了透明数据的RGBA和用于印刷的CMYK。

使用convert方法可以转换图像模式（颜色表示方法），如图5.4所示。如果想要将示例中的彩色图像转换为灰度（黑白）图像，需要指定大写字母L作为参数。

In

```
sample.convert('L')
```

图5.4 灰度图像

如果使用show方法，将启动计算机上默认使用的应用程序，并显示图像。

In

```
sample.show()
```

也可以使用Matplotlib的imshow方法显示图像，如图5.5所示。

In

```
import matplotlib.pyplot as plt
fig, ax = plt.subplots()
# 使用imshow 显示图像
ax.imshow(sample)
plt.show()
```

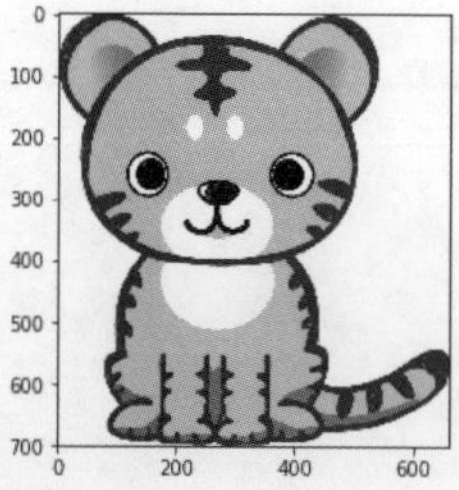

图5.5 用Matplotlib显示的图像

左上角的坐标为(0，0)，坐标向右或向下，则值越大。稍后将使用图像中的坐标指定位置。

5.3.3 简单的图像处理

下面尝试使用Pillow执行简单的图像处理。这些过程也是将图像输入机器学习算法时的常用方法。

调整大小

可以使用resize调整图像的大小，按照宽度和高度的顺序将新大小作为一个元组（以像素为单位）传递，如图5.6所示。

In

```
sample.resize(size=(200, 300))
```

图5.6 调整图像大小

由于调整大小是处理原始图像的过程，因此可以指定计算方法。参数resample可以是Pillow中提供的滤镜。从相对简单的算法到计算成本较高但能获得高质量输出的方法，Pillow提供了多种滤镜。有关详细信息，请参阅Pillow的官方文档。一般情况下，默认使用简单的算法，该算法仅在每个像素附近显示，首先尝试将其更改为LANCZOS滤镜，如图5.7所示。

In

```
sample.resize(size=(200, 300), resample=Image.LANCZOS)
```

图5.7 变更滤镜后图像

在默认的滤镜中，由于图像的纵向和横向长度发生了变化，出现了线条变成锯齿状的现象，但是在变更滤镜后这种现象得到了缓解。实际运行代码的时候，可以清楚地看到区别。

旋转图像

当使用机器学习执行算法时，为了增加学习数据的数量，有时会将图像稍微旋转，以创建新数据。这时就可以通过rotate方法实现。按指定参数的角度逆时针旋转图像如图5.8所示。

In

```
sample.rotate(15)
```

图5.8 旋转图像

如果将expand参数设置为True，则角度将改变，并且视角突出的部分也将作为图像数据输出，如图5.9所示。

In

```
sample.rotate(15, expand=True)
```

图5.9 显示整个被旋转了的图像

裁剪图像

也可以使用crop方法从原始图像中裁掉一部分创建一个新图像，指定的矩形区域将被裁剪。要指定裁剪区域，请组合左上角坐标和右下角坐标并将它们作为由4个数字组成的元组传递。在整个图像中，左上角是(0，0)，如图5.10所示。

In

```
sample.crop((0, 0, 540, 400))
```

图5.10 裁剪图像

保存图像

可以将使用resize或crop方法处理的图像存储为单独的文件，将文件名传递给

save方法。通过将文件扩展名更改为jpg或tiff，可以更改存储图像的格式。如果图像模式为CMYK，还可以使用EPS输出。

In

```
crop_img = sample.crop((0, 0, 540, 400))
crop_img.save('crop_img.png')
```

5.3.4 数据化的图像

可以将图像视为一组数值数据，每个像素都包含黑白色调和颜色数据。因此，可以通过简单的转换将图像转换为机器学习算法的输入数据。例如，使用Pillow导入的数据可以按原样转换为NumPy的ndarray。

In

```
import numpy as np
num_img = np.array(sample)
```

查看生成的ndarray的大小。

In

```
num_img.shape
```

Out

```
(700, 660, 4)
```

结果为包含3个元素的元组。在代表图像大小的数据右侧，可以看到每个像素都保留一组4个数字。通过指定坐标可以获取每个像素的数据，在此我们试着获取左上角的数据。

In

```
num_img[0, 0]
```

Out

```
array([255, 255, 255, 255], dtype=uint8)
```

可以使用0~255的整数组合获取此位置的像素数据。由于这个PNG文件是RGBA模式，因此将透明度添加到RGB数据后，使其成为一个具有4个数字的像素数据。可以看到所有RGB通道最多有255个，代表白色。如果指定了其他位置，则颜色会不同。

In

```
num_img[100, 100]
```

Out

```
array([ 99,  50,  36, 255], dtype=uint8)
```

5.3.5 使用机器学习进行图像分类

本小节将介绍scikit-learn等使用实际图像数据进行的机器学习流程。数据是一个简单的图形图像，可以从知名的机器学习竞赛网站Kaggle的页面上获得，也可以从以下URL进行数据下载。

● Kaggle
URL https://www.kaggle.com/smeschke/four-shapes

在下载的数据中展开shapes.zip，可以在shapes目录下看到4个子目录：circle（圆形）、square（正方形）、star（星形）和triangle（三角形），代表圆形、正方形、星形和三角形的简单黑白图像就以PNG文件格式存储于相应的子目录中。

读取文件

在下面的示例中，展开的图像数据存储在shapes目录中。使用pathlib模块可以轻松获取文件列表。

In

```
from pathlib import Path
p = Path('shapes')
circles = list(p.glob('circle/*.png'))
circles[:10]
```

Out

```
['shapes/circle/0.png',
 'shapes/circle/1.png',
 'shapes/circle/10.png',
 'shapes/circle/100.png',
 'shapes/circle/1000.png',
 'shapes/circle/1001.png',
 'shapes/circle/1002.png',
 'shapes/circle/1003.png',
 'shapes/circle/1004.png',
 'shapes/circle/1005.png']
```

加载一个文件并查看它，如图5.11所示。

In

```
sample = Image.open(circles[0])
sample
```

图5.11 图像数据的显示示例

In

```
sample.size
```

Out

```
(200, 200)
```

由于图像尺寸通常为200×200像素，因此不需要调整尺寸。另外，由于我们要处理的图像具有256级的灰度，因此每个像素仅分配一个数字。将其转换为ndarray并查看左上角像素的数据。

In

```
np.array(sample)[0, 0]
```

Out

```
255
```

资料准备

读取手头4种形式的数据，试着制作学习数据和测试数据。因为形状是按目录划分的，所以以此为提示制作教师标签。在机器学习的算法中，因为数值数据的输入更方便，因此在字典中以字符串和类别标签对应的形式进行保存。

In

```
cls_dic = {'circle': 0, 'square': 1, 'star': 2, 'triangle': 3}
```

将图像数据转换为数字后得到的数组是具有图像形状的二维扩展数据。使用flatten方法可以将其转换为一维数据。假设图像数据为X，教师标签为y，则可以使用以下代码来准备机器学习算法的输入数据。

In

```
X = []
y = []
for name, cls in cls_dic.items():
    child = p / name
    for img in child.glob('*.png'):
        X.append(np.array(Image.open(img)).flatten())
        y.append(cls)
```

In

```
len(X)
```

Out

```
14970
```

In

```
len(X[0])
```

Out

```
40000
```

读取了14970张图像后，发现每个数据都是由200×200（=40000）像素组成的一维向量。

将数据分为学习用数据和测试用数据，我们使用train_test_split方法进行代码实现。在此，把95%的数据作为测试数据，只把剩下的5%的数据作为学习数据。

In

```
from sklearn.model_selection import train_test_split
X_train, X_test, y_train, y_test = train_test_split(X, y, test_
size=0.95, random_state=123)
```

创建和评估模型

该过程与将机器学习算法应用于非图像数据的过程相同，这次将使用随机森林建立学习模型。如果用于分类，则可以使用其他方法。

In

```
from sklearn.ensemble import RandomForestClassifier
rf_clf = RandomForestClassifier(random_state=123)
rf_clf.fit(X_train, y_train)
```

Out

```
RandomForestClassifier(bootstrap=True, class_weight=None,
criterion='gini',
            max_depth=None, max_features='auto', max_leaf_
nodes=None,
            min_impurity_decrease=0.0, min_impurity_split=None,
            min_samples_leaf=1, min_samples_split=2,
            min_weight_fraction_leaf=0.0, n_estimators=10, n_
jobs=1,
            oob_score=False, random_state=123, verbose=0, warm_
start=False)
```

下面我们预测用于测试的数据形状，先将其存储在pred变量中。

In

```
pred = rf_clf.predict(X_test)
```

尝试使用classification_report评估模型的性能。

In

```
from sklearn.metrics import classification_report
print(classification_report(y_test, pred))
```

Out

```
             precision    recall  f1-score   support

          0       0.99      0.99      0.99      3534
          1       0.99      0.99      0.99      3578
          2       0.99      1.00      1.00      3580
          3       1.00      0.99      1.00      3530

avg / total       0.99      0.99      0.99     14222
```

我们可以高精度地预测所绘制的形状[①]。

5.3.6 总结

本节介绍了使用Pillow的简单图像处理和使用图像数据的机器学习算法的执行示例。

在对实际照片中的内容进行分类时，使用了更高级的机器学习算法（如深度学习）。但是，如果没有准确的教师数据，深度学习也无法展示其性能。已发布的许多数据中，都标有通过人海战术反映在大量图像数据中的内容。其中，ImageNet是较知名的。另外，Kaggle也有各种各样的图像数据。如果有兴趣，最好去接触实际数据以进一步实战机器学习算法。

● ImageNet

URL http://www.image-net.org/

① Kaggle处理此处4个形状数据是一项艰巨的任务。创建一个模型，通过使用这些图像作为教师数据，可以从动画中识别4个形状。

参考文献

『Python チュートリアル』(https://docs.python.org/ja/3/tutorial/index.html)
Pythonの公式ドキュメントに付属するチュートリアルです。網羅的にPythonを学ぶことができます。

『線形代数入門』(東京大学出版会)
1966年に刊行された大学初等レベルの線形代数の教科書です。次元縮約などに使われている数学を理解するためには、この本に書かれている基礎を習得する必要があります。

『本質から理解する 数学的手法』(裳華房)
その数学にどのような意味があるのか?また、本質はどこにあるのか?に重点をおいて解説してくれている本です。特に、微分に関しては、何を意味しているのかが分かり易く書かれているので、なぜ解析学が重要なのかを理解できると思います。

『完全独習 統計学入門』(ダイヤモンド社)
10万部突破も頷ける、統計入門書の決定版です。非常に分かり易く、随所に筆者の工夫が光る構成になっているので、はじめて統計学を学ぶ時にもおすすめの1冊です。

『Pythonで理解する統計解析の基礎』(技術評論社)
統計解析の基本から少し発展的な内容までを、Pythonのコードを使って学ぶ事ができる本です。不偏分散の話なども含まれているので、プログラミングができて、本格的に統計を学びたい人にはぴったりの1冊です。

『意味がわかれば数学の風景が見えてくる』(ベレ出版; 改訂合本版)
数学の各分野の話題について、オムニバス形式で分かり易い解説が載っています。分野ごとに大まかなまとまりはありますが、どこから読んでも楽しめて、図表が多いことも理解の助けになります。

『マスペディア 1000』(ディスカヴァー・トゥエンティワン)
読む数学事典と言うコンセプトのもとに、数学の各分野に関する話題を事典形式で網羅しています。分からない用語を調べるだけで無く、なんとなく開いて読むだけでも楽しくなれる1冊です。

『Pythonユーザのための Jupyter［実践］入門』（技術評論社）
Jupyter Notebookの使い方と、MatplotlibやBokehでの可視化を中心に紹介した書籍です。 Matplotlibでのグラフ描画について、基本的な使い方だけでなくより詳細に表示を調整する方法について紹介しています。

『Pythonデータサイエンスハンドブック』（オライリージャパン）
本書籍で利用しているツールと同一の構成で説明されている書籍です。機械学習の章はアルゴリズムについての詳細な説明もされている、読み応えのある1冊です。

『Pythonではじめる機械学習』（オライリージャパン）
Pythonで機械学習を始めるのに適した一冊です。教師あり学習（分類、回帰）、教師なし学習（前処理、次
元削減等）、特徴量を構築する方法（特徴量エンジニアリング）、機械学習のモデルの構築・評価の方法などが丁寧に説明されています。

『Python 機械学習プログラミング 第2版』（インプレス）
機械学習の入門書の後に適した書籍です。分類、回帰、次元削減、クラスタリング、前処理等のアルゴリズムや実行方法はもとより、機械学習のモデルの評価方法やハイパーパラメータのチューニング，アンサンブル学習などについても詳しく説明されています。最後には深層学習(ディープラーニング)についても説明があります。

『NumPy Reference』(https://docs.scipy.org/doc/numpy/reference/index.html)
NumPy の公式リファレンスです。(英語)

『pandas 公式ドキュメント』(http://pandas.pydata.org/pandas-docs/stable/index.html)
pandas の公式ドキュメントです。(英語)

『Matploblib User's Guide』(https://matplotlib.org/users/index.html)
Matploblib の公式ユーザガイドです。(英語)

『scikit-learn User Guide』(http://scikit-learn.org/stable/user_guide.html)
scikit-learn の公式ユーザガイドです。(英語)